中学入試

\集中レッスン/

中学入試 分野別 集中レッスン 算数 立体図形

栗根秀史［著］

文英堂

この本の特色と使い方

小学校で習う算数の中でも，4年生から6年生の間に身につけておきたい内容，簡単な受験算数のコツを短期間で学習できるように作りました。

「短期間で，お気軽に，でもちゃんと力はつく」という方針で，次のような内容にしています。この本で勉強し，2週間でレベルアップしましょう。

1. 受験算数のコツが2週間で身につく

1日4~6ページの学習で，受験算数の考え方，解き方を身につけることができます。4日ごとに復習のページ，最後の2日は入試問題をのせていますので，復習と受験対策もふくめて2週間で終えられるようにしています。

2. 例題・ポイントで確認，練習問題で定着

例題，ポイント，練習問題の順にのせています。例題とポイントで学習内容を確認し，書きこみ式の練習問題で定着させることができます。

3. ドリルとはひと味ちがう例題とポイント

正しい解法を身につけられるように，例題の解答は，かなりていねいに書いています。また，例題の後には，見直すときに便利なポイントを簡単にまとめています。

例題とポイントで内容をしっかり確認してから問題に取り組めるようになっていますので，短期間で力をつけることができます。

もくじ

1日目 柱体の体積・表面積

例題 1－①

右の図のような，直方体を組み合わせて作った立体があります。これについて，次の問いに答えなさい。

(1) この立体の体積(たいせき)は何 cm^3 ですか。

(2) この立体の表面積は何 cm^2 ですか。

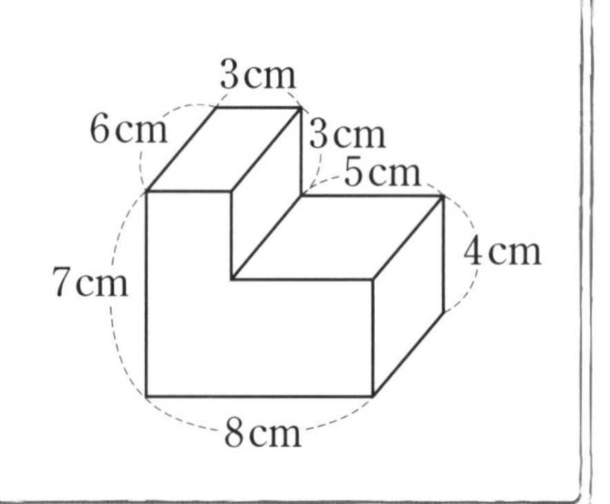

解き方と答え

右の図1 の赤い面を底面(ていめん)とする高さ 6cm の角柱と考えて解(と)きます。

(1) 底面積は　$7\times3+4\times5=41(cm^2)$

よって，体積は

$41\times6=\mathbf{246(cm^3)}$ …答

↑ 柱体の体積＝底面積×高さ

図1

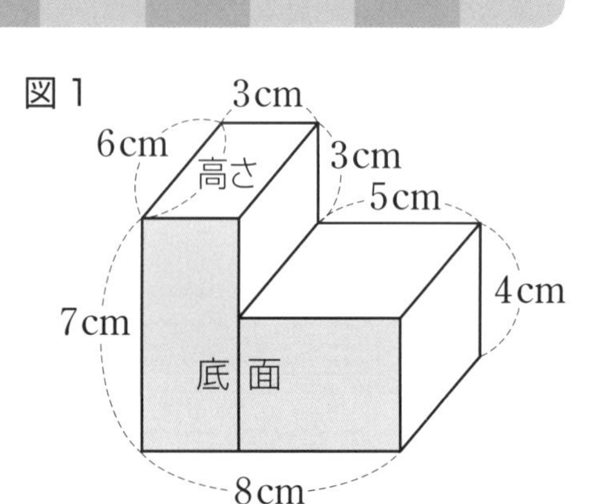

(2) 底面のまわりの長さは，右の図2 より，縦(たて) 7cm，横 8cm の長方形のまわりの長さに等しく

$(7+8)\times2=30(cm)$

になりますから，側(そく)面積は

$30\times6=180(cm^2)$

↑ 柱体の側面積＝底面のまわり×高さ

図2

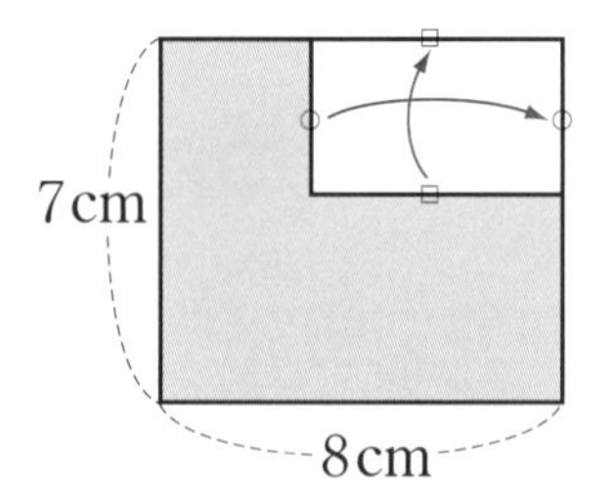

底面積は(1)より $41cm^2$ ですから，表面積は

$41\times2+180=\mathbf{262(cm^2)}$ …答

↑ 柱体の表面積＝底面積×2＋側面積

- **柱体の体積＝底面積×高さ**
- **柱体の表面積＝底面積×2＋側面積** ← 底面のまわり×高さ

(角柱や円柱のような立体を，まとめて「柱体」といいます)

どの面を底面とすればわかりやすくなるかを考えよう！

練習問題 1－❶

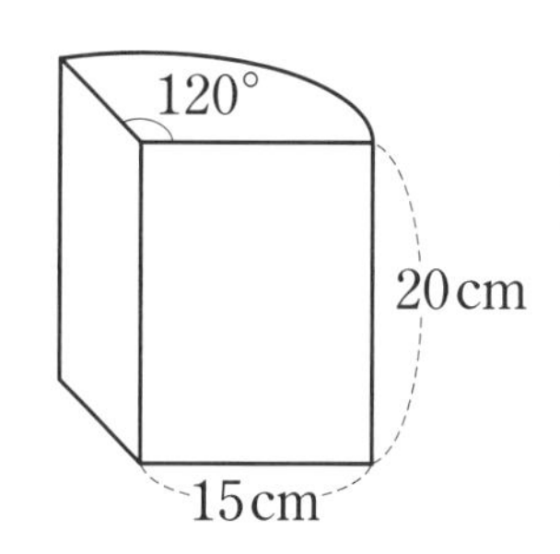

1 右の図は，円柱の $\frac{1}{3}$ の立体を表しています。円周率(えんしゅうりつ)を3.14として，次の問いに答えなさい。

(1) この立体の体積は何 cm^3 ですか。

(2) この立体の表面積は何 cm^2 ですか。

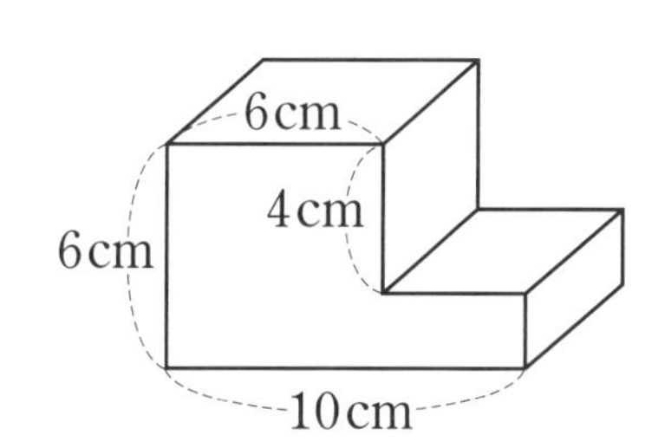

2 右の立体は，2つの直方体を合わせてできたものです。この立体の表面積が $248cm^2$ のとき，体積は何 cm^3 ですか。

例題 1 - ❷

右の図は，半径(はんけい) 5cm の円を底面(ていめん)とする高さ 12cm の円柱から，1 辺が 3cm の正方形を底面とする高さ 12cm の角柱をくりぬいたものです。これについて，次の問いに答えなさい。円周率(えんしゅうりつ)は 3.14 とします。

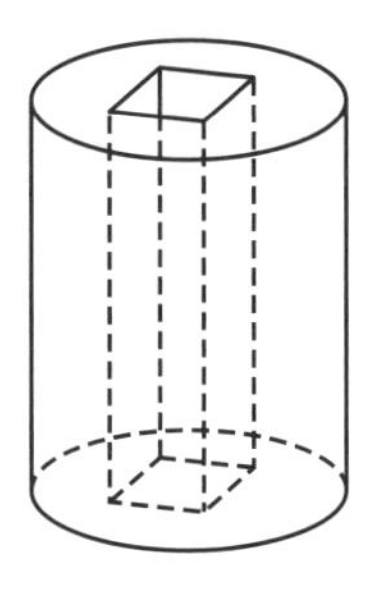

⑴ この立体の体積(たいせき)は何 cm^3 ですか。

⑵ この立体の表面積は何 cm^2 ですか。

解き方と答え

⑴ 底面積は，半径 5cm の円の面積から，1 辺が 3cm の正方形の面積をひいたものになりますから

$5\times5\times3.14-3\times3=69.5(cm^2)$

よって，この立体の体積は

69.5×12 $=\mathbf{834}(\mathbf{cm^3})$ …答

↑ 柱体の体積＝底面積×高さ

⑵ この立体の外側(そとがわ)の側(そく)面積(円柱の側面積)は

$(5\times2\times3.14)\times12$ $=120\times3.14=376.8(cm^2)$

↑ 円柱の側面積＝底面のまわり×高さ

この立体の内側の側面積(四角柱の側面積)は

$(3\times4)\times12$ $=144(cm^2)$

↑ 角柱の側面積＝底面のまわり×高さ

底面積は⑴より $69.5cm^2$ ですから，表面積は

$69.5\times2+376.8+144$ $=\mathbf{659.8}(\mathbf{cm^2})$ …答

↑ 底面積　↑ 外側の側面積　↑ 内側の側面積

中がくりぬかれた柱体の表面積
＝底面積×2＋外側の側面積＋内側の側面積

↑ くりぬかれた面　↑ 忘(わす)れないように注意しよう！

練習問題 1-❷

1 下の図の立体は，直方体に長方形の穴(あな)を面 AEFB から面 DHGC までまっすぐにつきぬけるようにあけたものです。

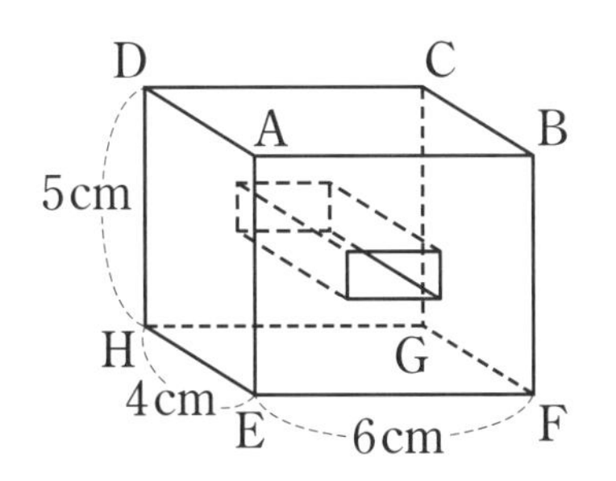

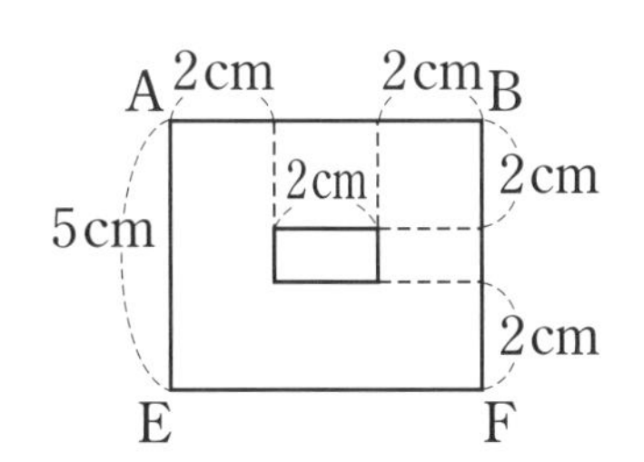

(1) この立体の体積を求(もと)めなさい。

(2) この立体の表面積を求めなさい。

2 底面の直径が 20cm で高さが 10cm の円柱の形をした木材(もくざい)があります。この木材の上の面から下の面まで通る図のような直径 2cm の円柱の穴をドリルを使って 2 つあけます。こうしてできる穴のある立体の表面積は何 cm^2 ですか。円周率は 3.14 とします。

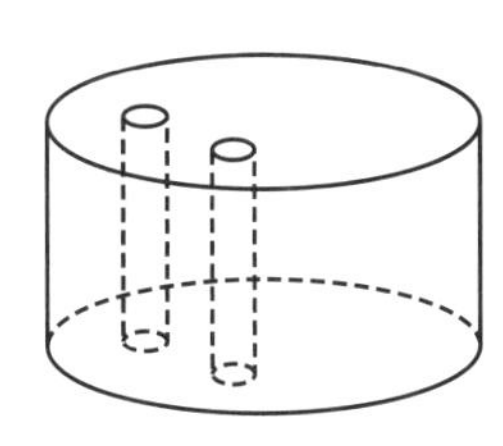

2日目 複合図形の体積・表面積

例題2-❶

右の図は，2つの直方体を組み合わせた立体です。これについて，次の問いに答えなさい。

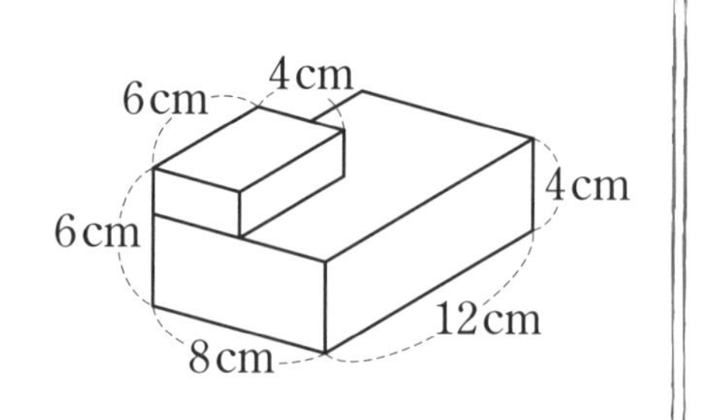

(1) この立体の体積（たいせき）は何 cm^3 ですか。

(2) この立体の表面積は何 cm^2 ですか。

解き方と答え

(1) 上下2つの直方体に分けて考えます。

上の直方体の体積は　$4\times6\times(6-4)=48(cm^3)$

下の直方体の体積は　$8\times12\times4=384(cm^3)$

よって，この立体の体積は

$48+384=\mathbf{432(cm^3)}$　…答

(2) 上下，左右，前後から見える面積の和を求（もと）めます。

右の図において，上から見える面積は

$12\times8=96(cm^2)$

右から見える面積は

$2\times6+4\times12=60(cm^2)$

前から見える面積は

$2\times4+4\times8=40(cm^2)$

したがって，この立体の表面積は

$(96+60+40)\times2=\mathbf{392(cm^2)}$　…答

↑3方向から見える面積の和

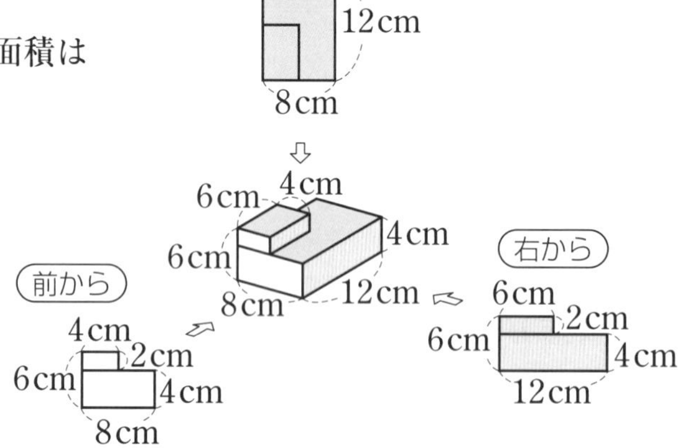

ポイント

直方体を組み合わせた立体

- **体積は，いくつかの直方体に分けて考える。**
- **表面積は，「3方向から見える面積の和×2」で求める。**

↑上下，左右，前後

解答➡別冊4ページ

練習問題 2-❶

1 右の図のように，直方体から立方体を切り取った立体があります。これについて，次の問いに答えなさい。

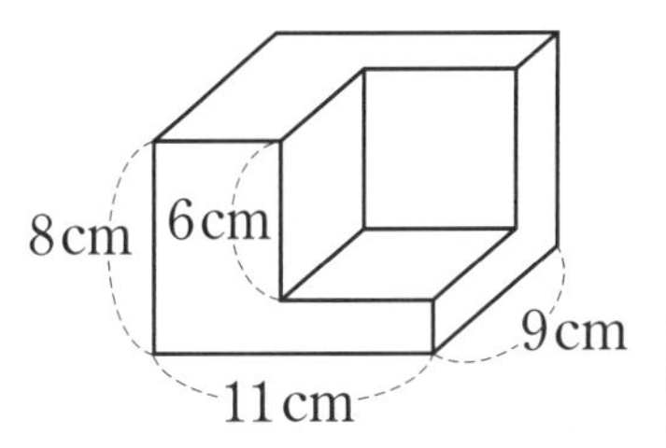

(1) この立体の体積は何 cm^3 ですか。

(2) この立体の表面積は何 cm^2 ですか。

2 右の図は，いくつかの直方体を組み合わせた立体です。これについて，次の問いに答えなさい。

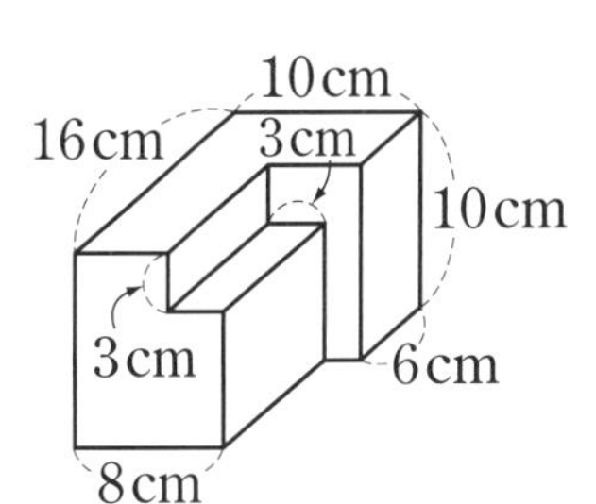

(1) この立体の体積は何 cm^3 ですか。

(2) この立体の表面積は何 cm^2 ですか。

例題2-❷

半径(はんけい)が4cm，高さが4cmの円柱の上に，同じ円柱を4分の1にした立体をのせました。この立体全体の表面積(ひょうめんせき)を求(もと)めなさい。ただし，円周率(えんしゅうりつ)は3.14とします

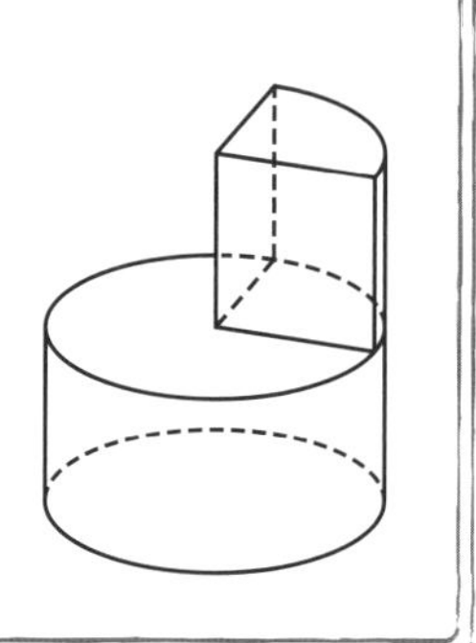

解き方と答え

この立体を真上，真下から見るとどちらも半径4cmの円になります（図1参照）から，底面積(ていめんせき)の和は

$4\times4\times3.14\times2=32\times3.14$

$=100.48(\text{cm}^2)$

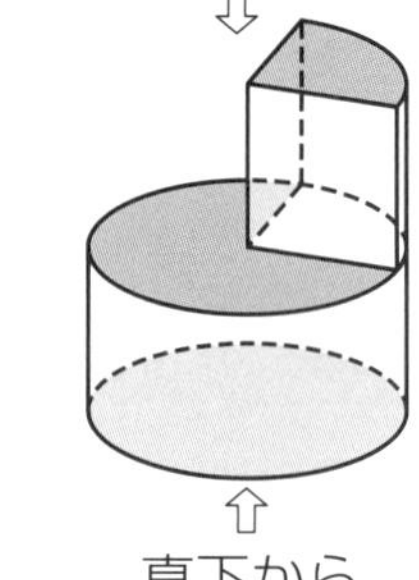

上の立体の側面積(そくめんせき)は，右の図2より

$\left(4\times2\times3.14\times\dfrac{1}{4}+4\times2\right)\times4$

（底面のまわり）（高さ）

$=57.12(\text{cm}^2)$

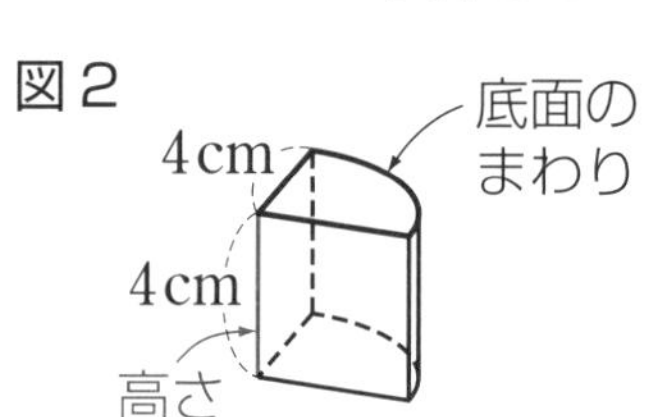

下の立体の側面積は，右の図3より

$(4\times2\times3.14)\times4=32\times3.14$

（底面のまわり）（高さ）

$=100.48(\text{cm}^2)$

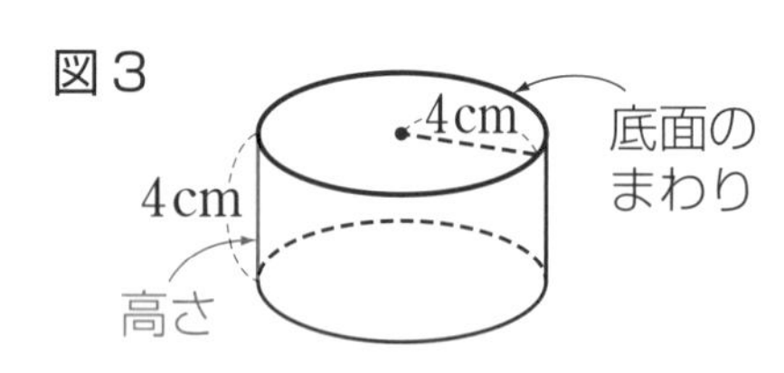

したがって，この立体全体の表面積は

$100.48+57.12+100.48$

（底面積の和）（上の立体の側面積）（下の立体の側面積）

$=258.08(\text{cm}^2)$ …答

柱体を組み合わせた立体の表面積は，
底面積はまとめて，側面積は分けて計算しよう！

解答➡別冊5ページ

練習問題 2-❷

1 右の立体は，四角柱と三角柱を組み合わせたものです。この立体の表面積は何 cm² ですか。

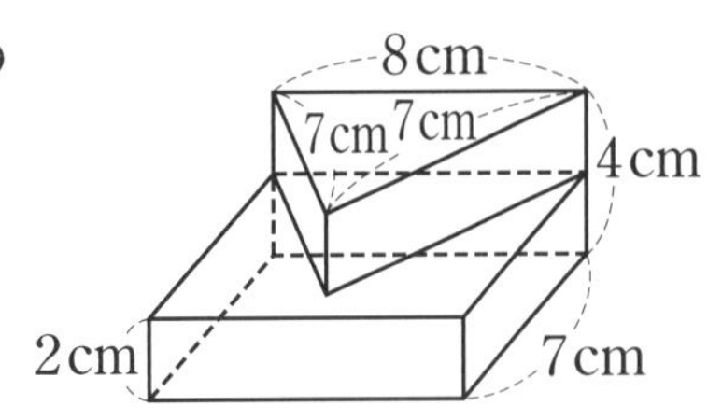

2 右の立体は，底面が半径 4cm，中心角 90° のおうぎ形で高さが 1cm の立体の上に，底面の半径 1cm，高さ 2cm の円柱をはりつけたものです。この立体の表面積は何cm² ですか。ただし，円周率は 3.14 とします。

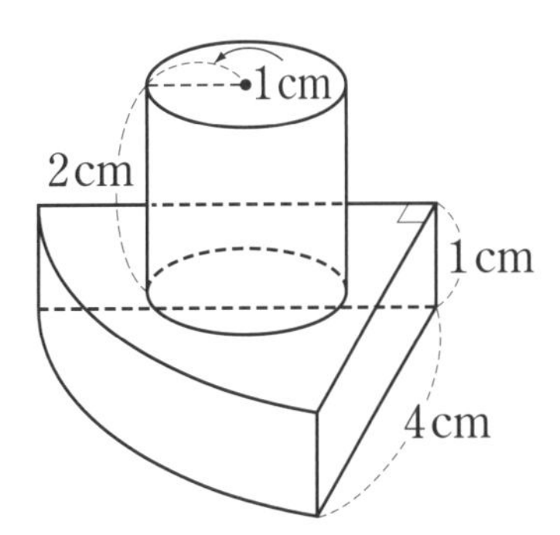

3日目 展開図と見取図

例題3-①

下の図1の立方体の展開図が図2です。図2の展開図の各頂点に記号を記入しなさい。

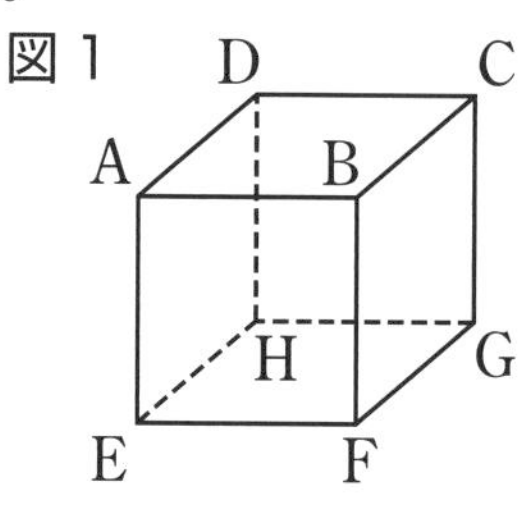

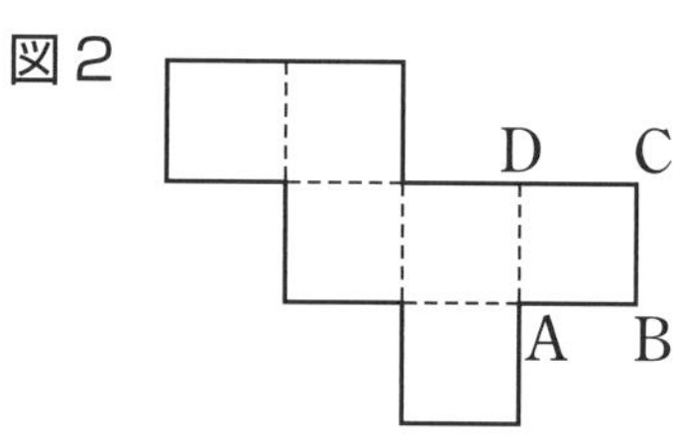

解き方と答え

見取図でいちばん遠い頂点が，展開図ではどういう位置関係にあるのかを考えて記号を記入していきます。

例えば，見取図でAからいちばん遠い頂点はGですが，展開図上でこの2点は正方形2枚からなる長方形の対角線の両はしの位置にあります。

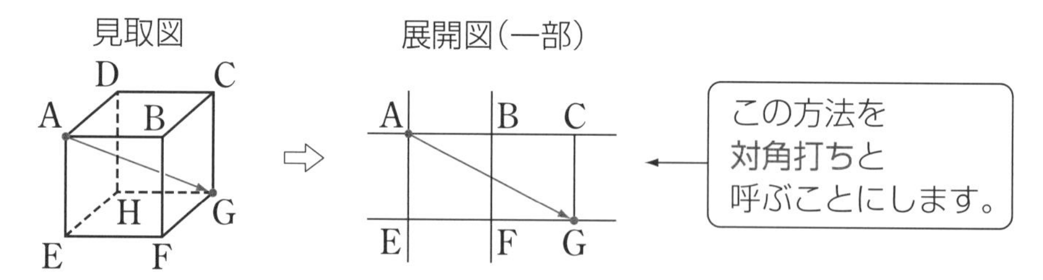

この対角打ちを利用して，次の①～④の手順で各頂点に記号を記入していきます。

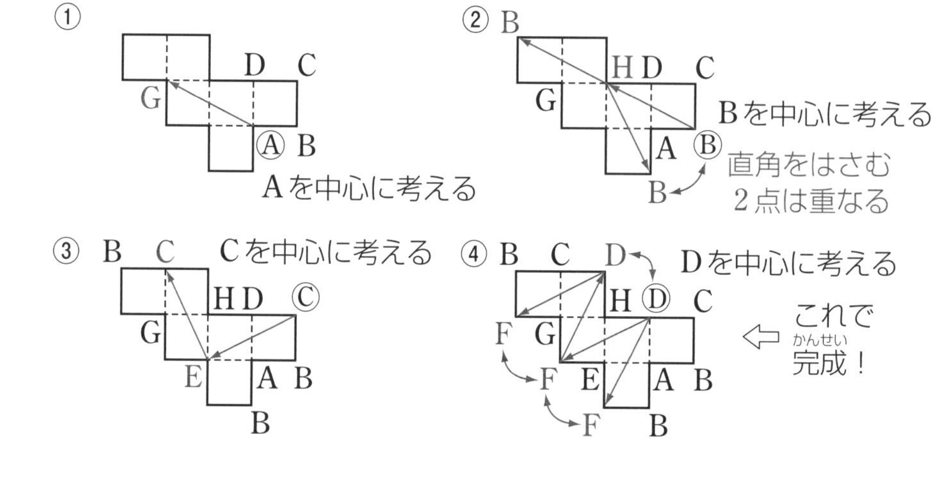

見取図でいちばん遠い頂点が，展開図ではどういう位置関係にあるのかをしっかり理解(りかい)して，対角打ちをマスターしよう！

練習問題 3-❶

1 下の図1 の立方体の展開図が図2 です。図2 の展開図の各頂点に記号を記入しなさい。

図 1

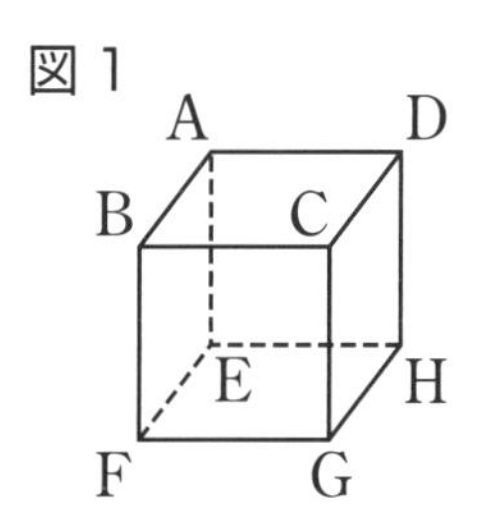

図 2

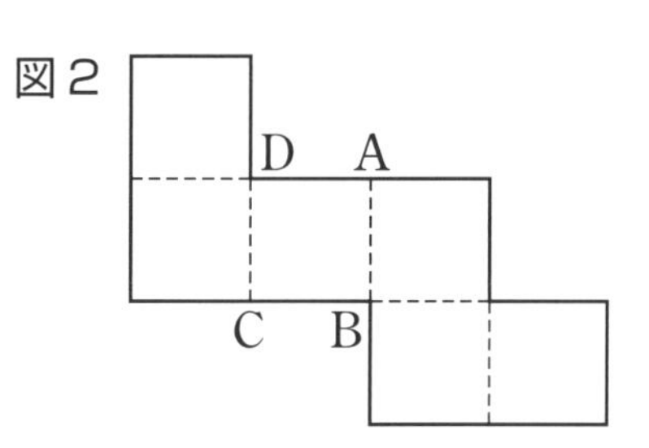

2 下の図のように立方体の 3 つの頂点 A，C，F を線で結(むす)ぶとき，この線を展開図に記入しなさい。

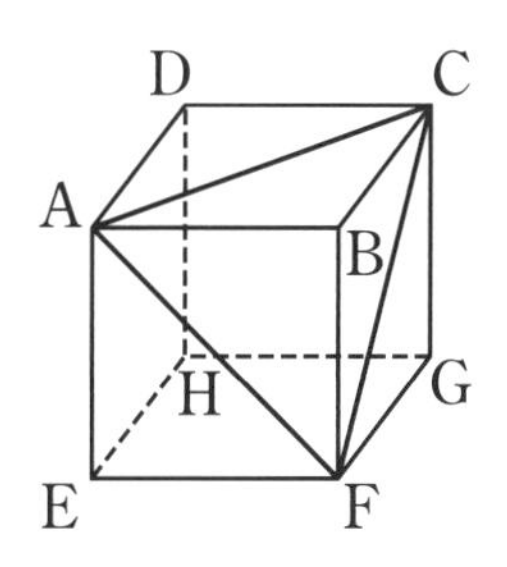

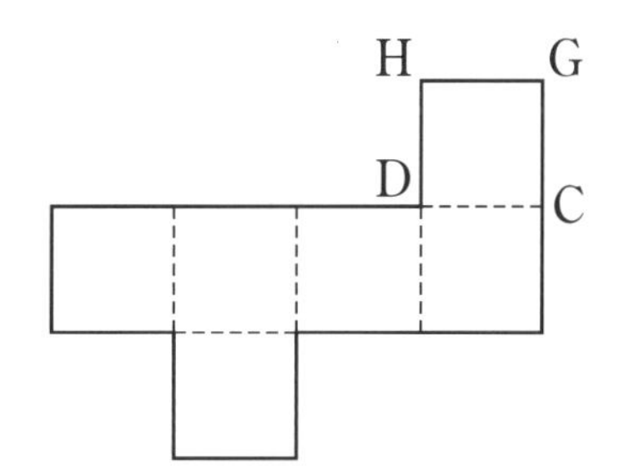

例題3－❷

下の(1)，(2)の図はある立体の展開図です。それぞれの立体の体積を求めなさい。ただし，円周率は3.14とします。

(1)

4cm
5cm
3cm
3cm

(2)

31.4cm
10cm

解き方と答え

見取図をかいて求めます。

(1) 下の図のように展開図を組み立てると三角柱になります。

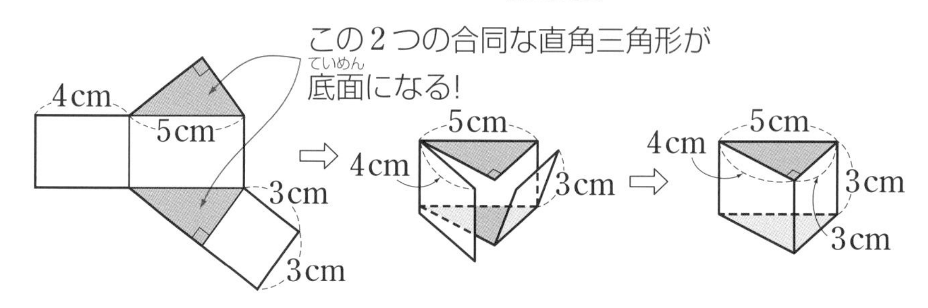

よって，求める体積は　$3 \times 4 \div 2 \times 3 = \mathbf{18}$(**cm³**)　…答

底面積　高さ

(2) 下の図のように展開図を組み立てると円柱になります。

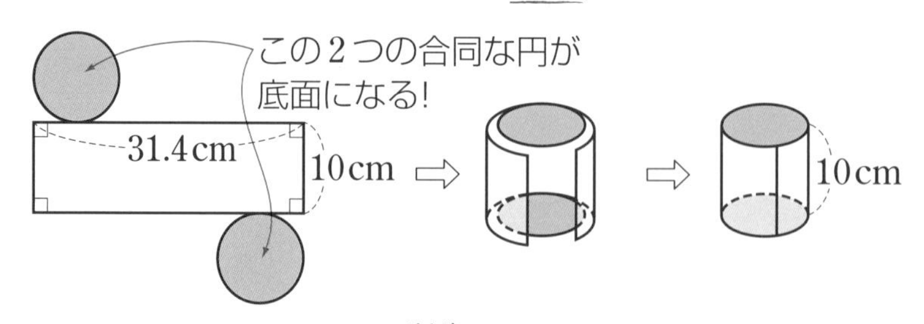

底面の円周が31.4cmですから，半径は　$31.4 \div 3.14 \div 2 = 5$(cm)

よって，求める体積は

$5 \times 5 \times 3.14 \times 10 = 250 \times 3.14 = \mathbf{785}$(**cm³**)　…答

底面積　高さ

合同な図形を見つけて，それらが平行な上下の底面となる角柱や円柱の見取図をかこう！

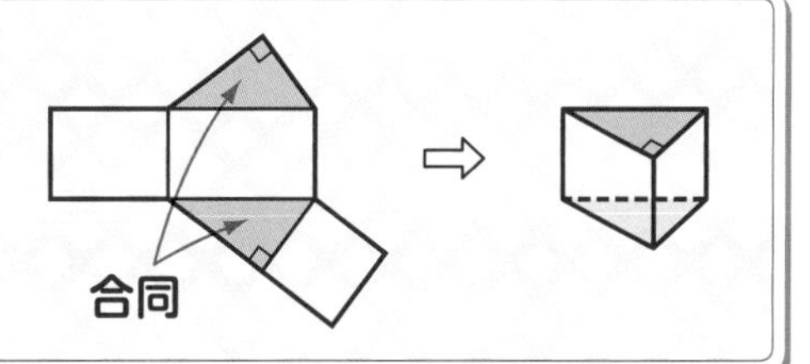

解答➡別冊 6 ページ

練習問題 3-❷

1 右の展開図を組み立てたときにできる立体の体積は何 cm^3 ですか。

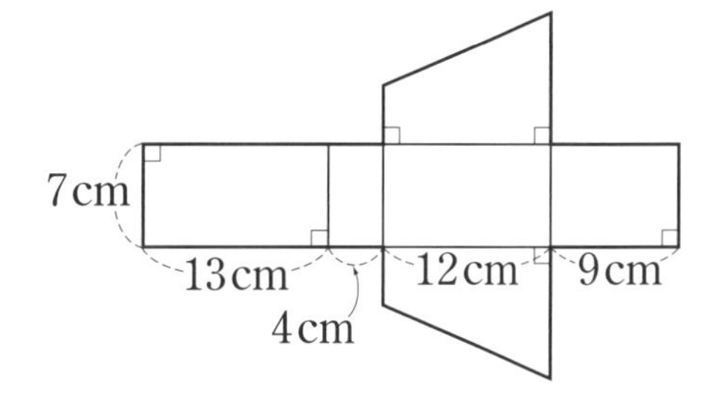

2 右の展開図を組み立てたときにできる立体の体積は何 cm^3 ですか。ただし，円周率は3.14 とします。

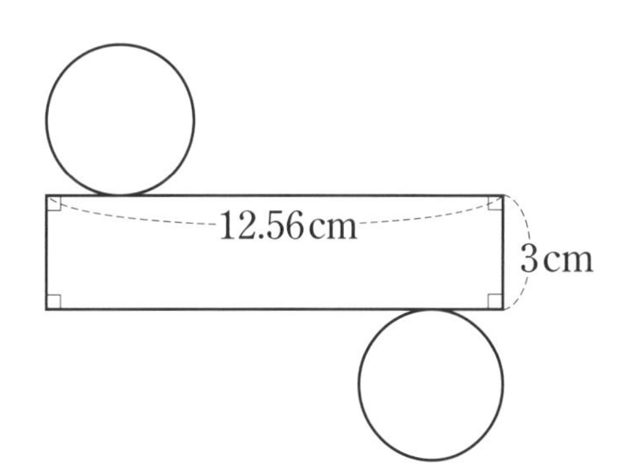

解答➡別冊7ページ

1 右の四角柱について，次の問いに答えなさい。

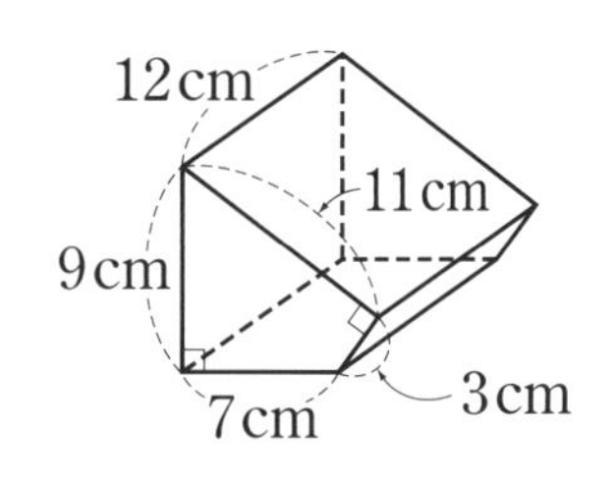

(1) 体積(たいせき)は何 cm^3 ですか。

(2) 表面積は何 cm^2 ですか。

2 右の図のような，直方体を組み合わせて作った階段(かいだん)の形をした立体があります。これについて，次の問いに答えなさい。

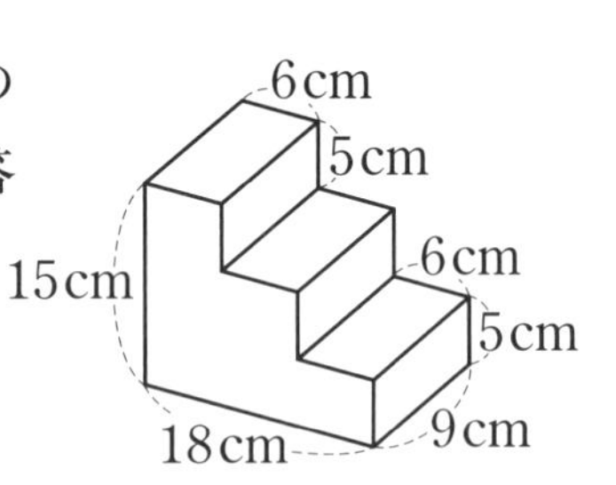

(1) この立体の体積は何 cm^3 ですか。

(2) この立体の表面積は何 cm^2 ですか。

3 右の図の立体は，直方体の１つの面からその面と向かい合っている面まで直方体をくりぬいたものです。これについて，次の問いに答えなさい。

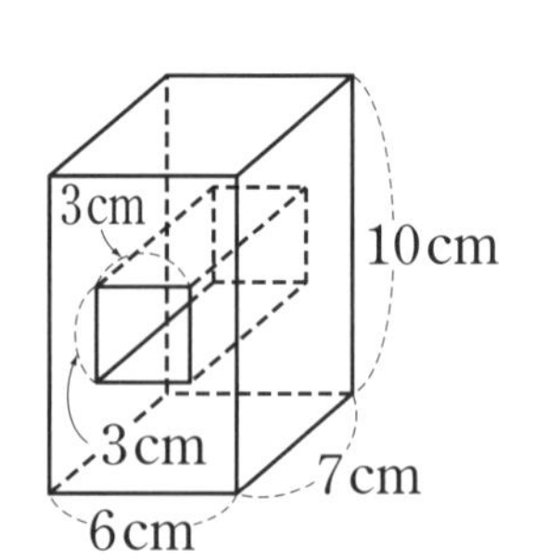

(1) この立体の体積は何 cm^3 ですか。

(2) この立体の表面積は何 cm^2 ですか。

4 底面の縦の長さが30cm，横の長さが50cmの直方体があります。この直方体に，右の図のように，底面ABCDから底面EFGHまで底面の円の半径が2cmの円柱の穴をあけていきます。また，3個の穴をあけると，表面積は471cm² 増えます。ただし，穴と穴は重ならないようにします。また，円周率は3.14です。この直方体の高さは何cmですか。

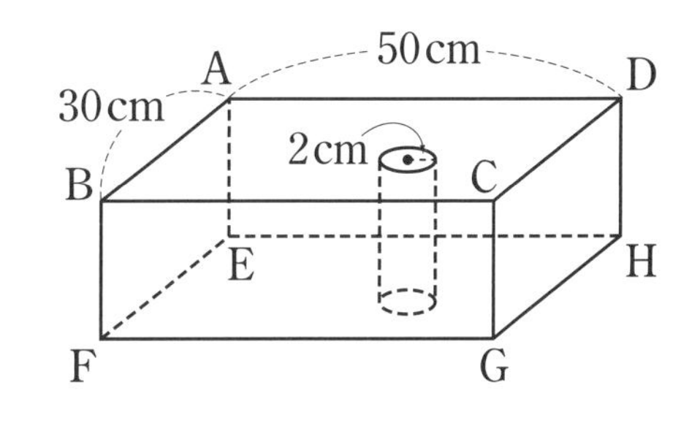

5 右の図のように，直方体から立方体を切り取った立体があります。これについて，次の問いに答えなさい。

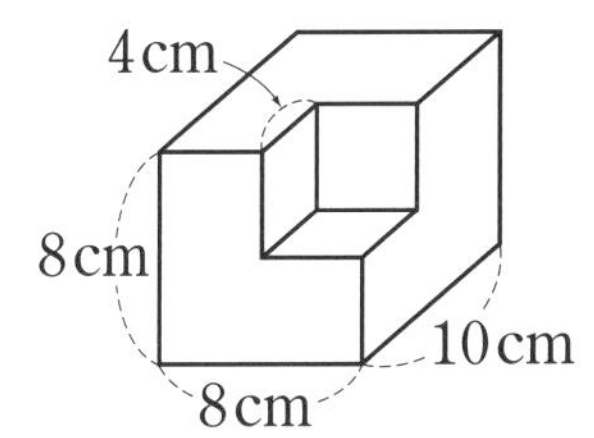

(1) この立体の体積は何cm³ですか。

(2) この立体の表面積は何cm²ですか。

6 右の図は，厚さ2cmの板で作った直方体の形をした箱を表しています。これについて，次の問いに答えなさい。

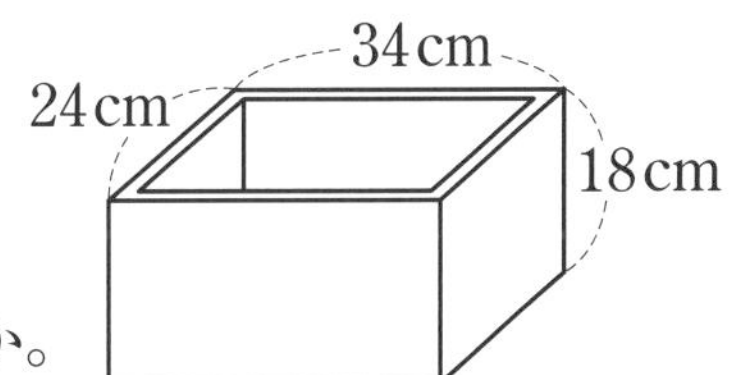

(1) この箱を作るのに使った板の体積は何cm³ですか。

(2) この箱の表面積は何cm²ですか。

7 右の図は，いくつかの直方体を組み合わせた立体です。これについて，次の問いに答えなさい。

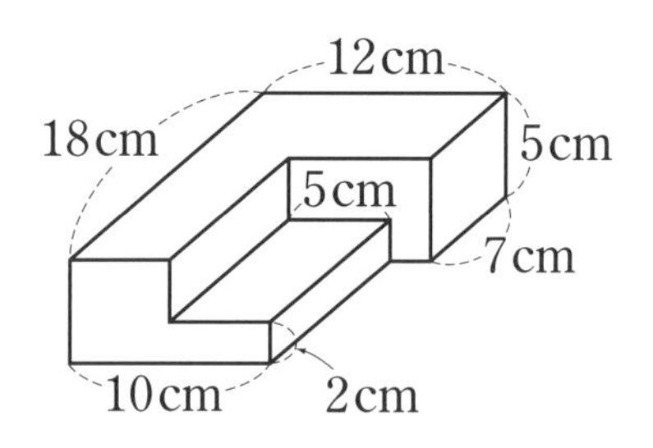

(1) この立体の体積は何 cm^3 ですか。

(2) この立体の表面積は何 cm^2 ですか。

8 右の図の立体は，1辺が 10cm の立方体と，半径 10cm の円柱の4分の1である立体を組み合わせたものです。この立体全体の表面積は何 cm^2 ですか。ただし，円周率は 3.14 とします。

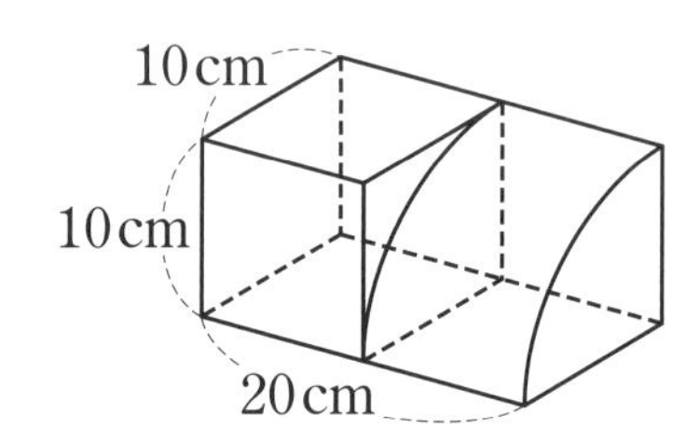

9 下の図のように，1辺が 8cm の立方体の箱に，たるみがないようにひもをかけます。ひもは，それぞれの辺の真ん中の点を通っています。この立方体の展開図に，ひもをかき入れなさい。

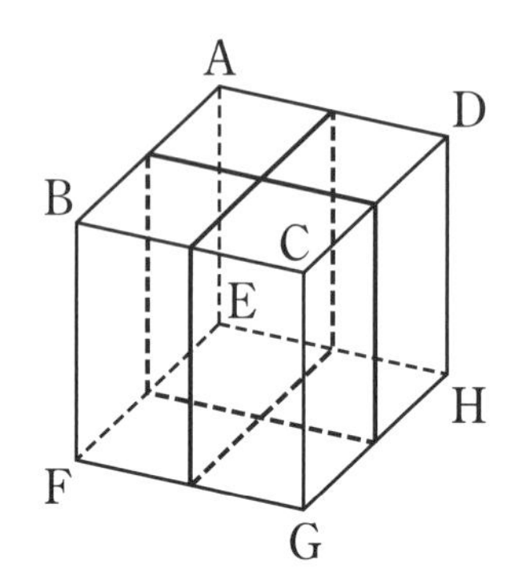

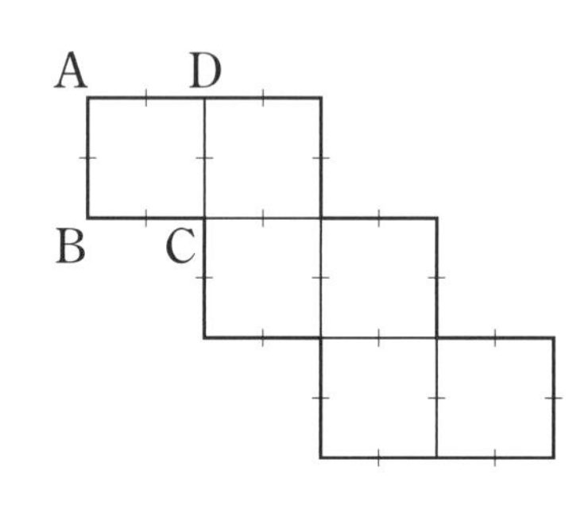

10 下の図1 のように，ふたをした立方体の容器(ようき)に水が入っています。立方体の6つの面のうち，「水にふれている部分」を図2 の展開図にしゃ線で示しなさい。

図1

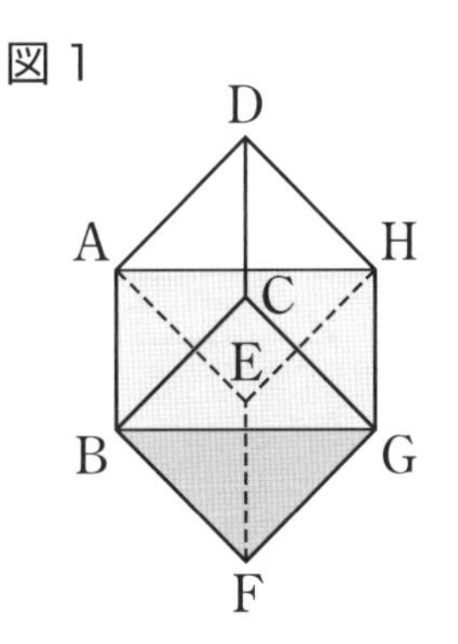

図2

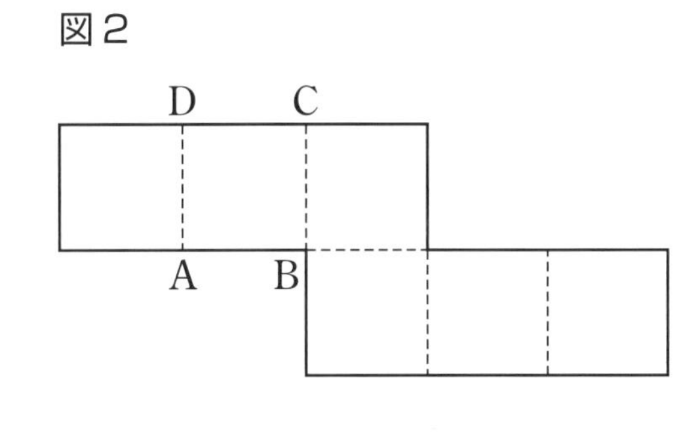

11 右の図は，ある立体の展開図です。これを組み立ててできる立体について，次の問いに答えなさい。ただし，円周率は3.14 とします。

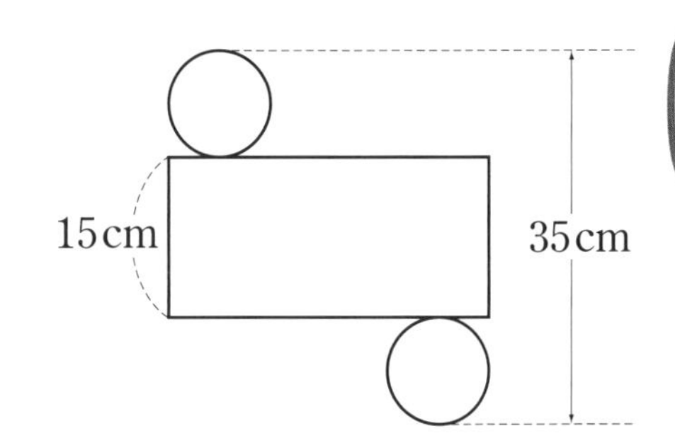

(1) この立体の体積は何 cm^3 ですか。

(2) この立体の表面積は何 cm^2 ですか。

12 右の図は，三角柱の展開図で，面積は 336cm^2 です。この三角柱の体積は何 cm^3 ですか。

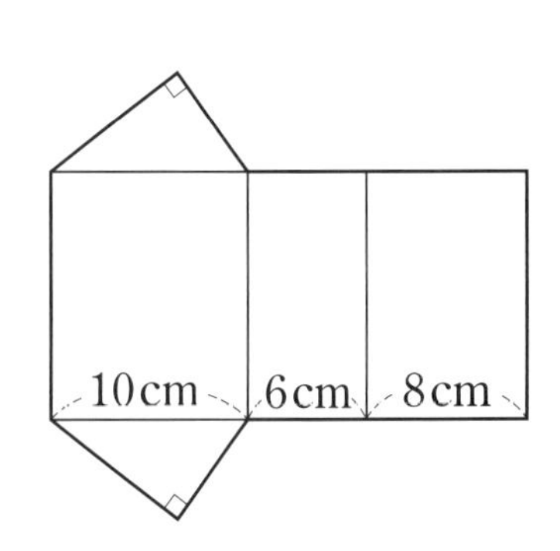

4日目

1日目～3日目の復習

5日目 立方体を積み重ねた立体の色ぬり

例題5－❶

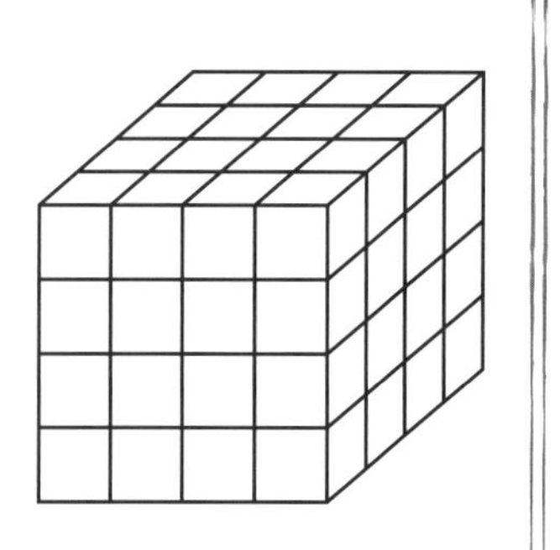

右の図は体積(たいせき)の等しい立方体を64個(こ)用いて作られた立方体で，表面に色をぬった後，64個の立方体を再(ふたた)びばらばらにしたとき，次の問いに答えなさい。

(1) 3つの面に色がぬられた立方体は何個ありますか。

(2) 2つの面に色がぬられた立方体は何個ありますか。

(3) 1つの面に色がぬられた立方体は何個ありますか。

(4) 色がぬられていない立方体は何個ありますか。

解き方と答え

(1) 3つの面に色がぬられた立方体は，下の図1のように，もとの立方体の頂点(ちょうてん)にあたる部分にある立方体になります。立方体の頂点の数は8個ですから，求(もと)める個数は**8個**です。…答

(2) 2つの面に色がぬられた立方体は，下の図2のように，もとの立方体の辺(へん)で頂点にあたらない部分にある立方体になります。立方体の辺の数は12本ですから，求める個数は　2×12＝**24**(個)です。…答

(3) 1つの面に色がぬられた立方体は，下の図3のように，もとの立方体の面で頂点にも辺にもあたらない部分にある立方体になります。立方体の面の数は6ですから，求める個数は，(2×2)×6＝**24**(個)です。…答

図1

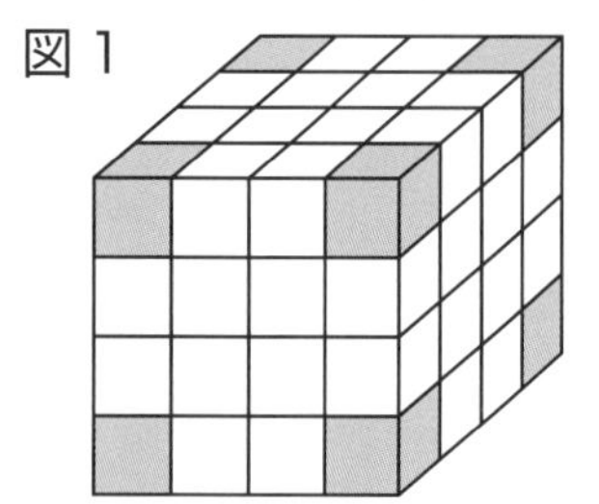

図2

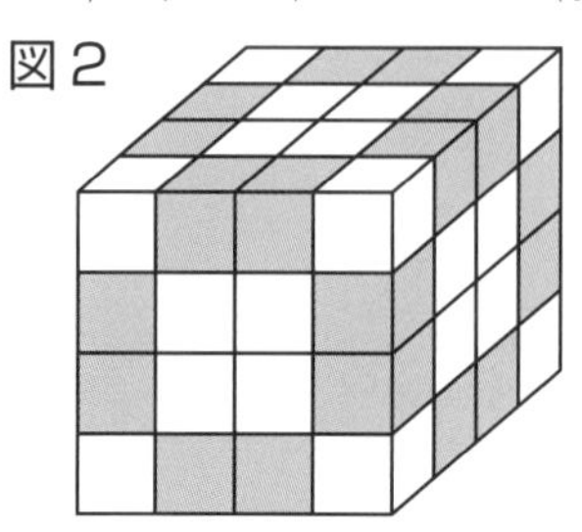

図3

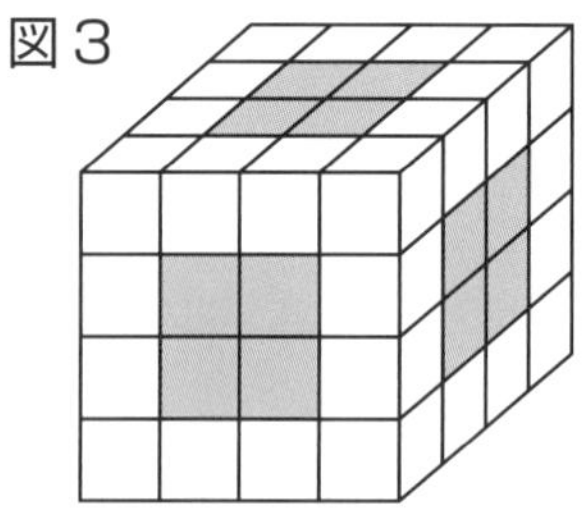

(4) 色がぬられていない立方体は，右の図4のように，中にかくれて見えない部分にある立方体になります。よって，求める個数は　2×2×2＝**8**(個)です。…答

図4

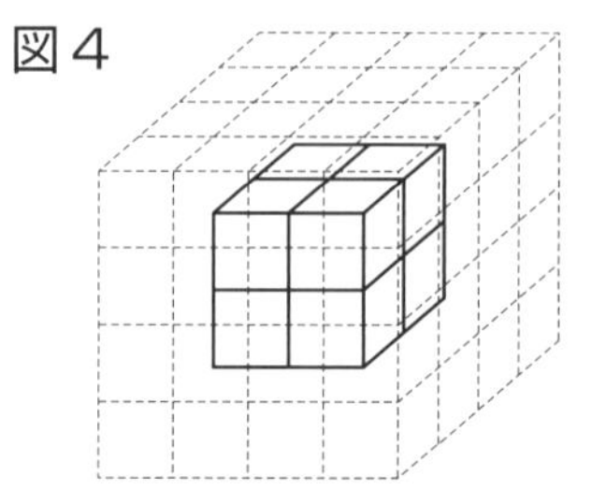

もとの大きな立方体の頂点，辺，面の数と関連(かんれん)づけて調べよう！

解答➡別冊10ページ

練習問題 5-❶

1 右の図のような1辺の長さが6cmの立方体があり，この立方体の6面全部を赤色にぬります。今この立方体を図の点線のようにどの辺も6等分するように切って小さい立方体に分けました。このとき，次の問いに答えなさい。

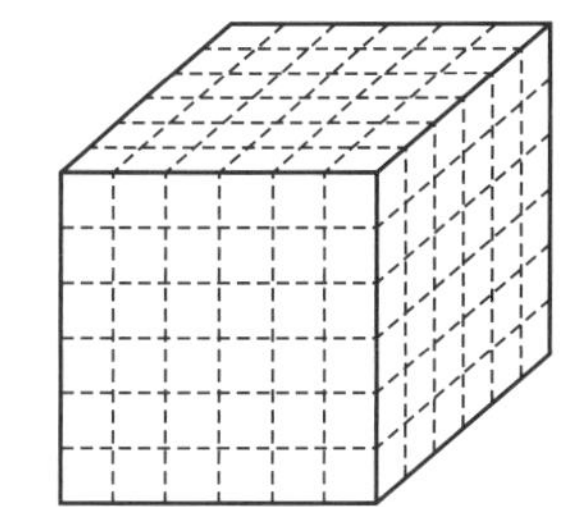

(1) 2つの面が赤くぬられている立方体は何個ありますか。

(2) 1つの面だけ赤くぬられている立方体は何個ありますか。

(3) 色がぬられていない立方体は何個ありますか。

2 右の図は1辺の長さが1cmの立方体を72個用いて作られた直方体です。この直方体の表面に色をぬった後，72個の立方体を，再びばらばらにしました。これについて，次の問いに答えなさい。

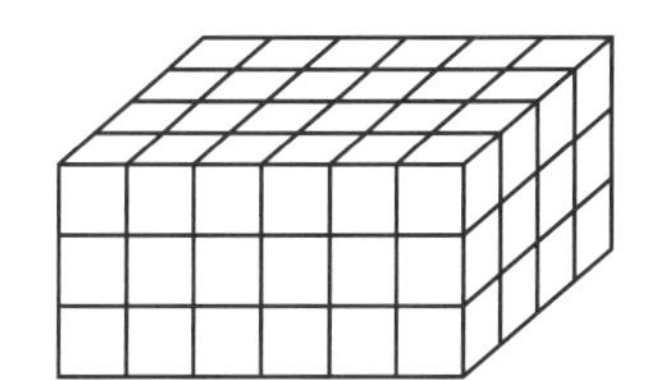

(1) 2つの面に色がぬられた立方体は何個ありますか。

(2) 1つの面に色がぬられた立方体は何個ありますか。

(3) 色がぬられていない立方体は何個ありますか。

例題5-❷

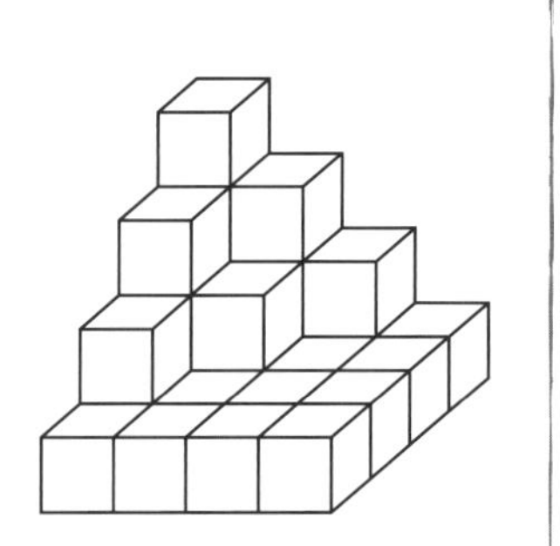

右の図は，1辺の長さが1cmの立方体26個を積み上げたものです。底の部分もふくめて表面に色をぬりました。次の問いに答えなさい。

(1) 2つの面だけに色がぬられている立方体はいくつありますか。

(2) 4つの面だけに色がぬられている立方体はいくつありますか。

解き方と答え

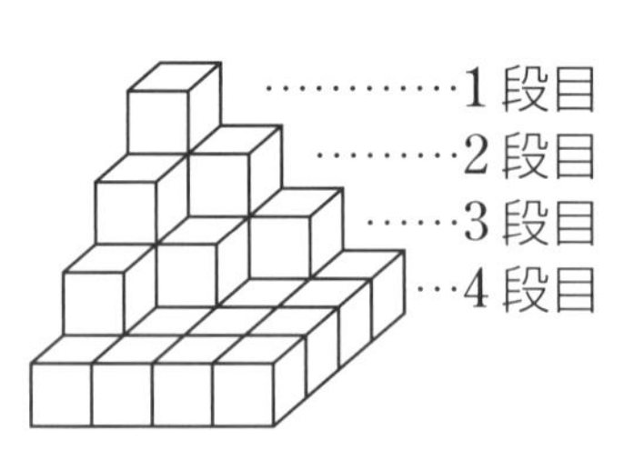

上の段から順に1段目，2段目，3段目，4段目として，それぞれの段ごとに立方体の面がいくつぬられているかを調べていきます。それぞれの段の立方体が上下，左右，前後のいくつの面がとなりの立方体とくっついているかを考えながら表に出ている面を段ごとに整理すると下の図のようになります。

1段目

5

2段目

2	4
4	

3段目

2	1	4
1	3	
4		

4段目

3	2	2	4
2	1	2	3
2	2	2	3
4	3	3	4

書きこんだ数は，その立方体が表に何面出ているかを表している。

(1) 上の図より，2つの面だけに色がぬられている立方体は

$0+1+1+7=\mathbf{9}$(個) …答

(2) 上の図より，4つの面だけに色がぬられている立方体は

$0+2+2+3=\mathbf{7}$(個) …答

上から段ごとに分けて，それぞれの段にある立方体の面がいくつぬられているか調べよう！
立方体の6つの面のうち，いくつの面がとなりの立方体とくっついているかを考えながら調べるのがコツ。

解答➡別冊10ページ

練習問題 5-❷

1 1辺が1cmの立方体をいくつか積み重ねて，右の図のような立体を作りました。見えない面はすべて平面になっています。この立体の表面(底の部分もふくむ)に赤色をぬって，それをばらばらにしたとき，3面だけ赤色がぬってある1辺が1cmの立方体は何個ありますか。

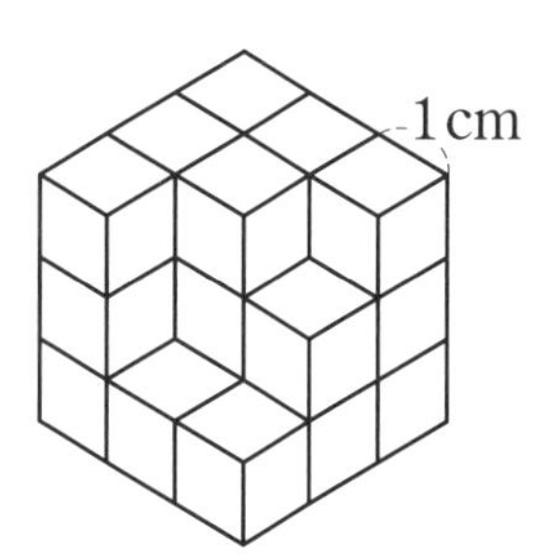

2 右の図は，1辺が2cmの立方体19個を，すき間ができないように積み重ねた立体です。この立体の表面全体(底の部分もふくむ)に色をぬってから，ばらばらにくずしました。

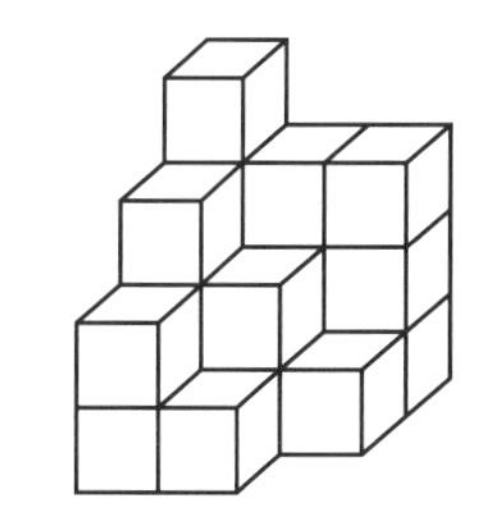

(1) 3つの面だけに色がぬられている立方体は何個ありますか。

(2) 1つの面だけに色がぬられている立方体は何個ありますか。

6日目 水そうの置きかえ・かたむけ

例題6-❶

右の図のように，立方体から直方体を切り取った形の容器があります。この容器に底から8cmの高さまで水を入れ，ふたをしました。次の問いに答えなさい。

(1) 容器に入っている水の体積を求めなさい。

(2) アの面が底になるように容器を置いたとき，水の高さを求めなさい。

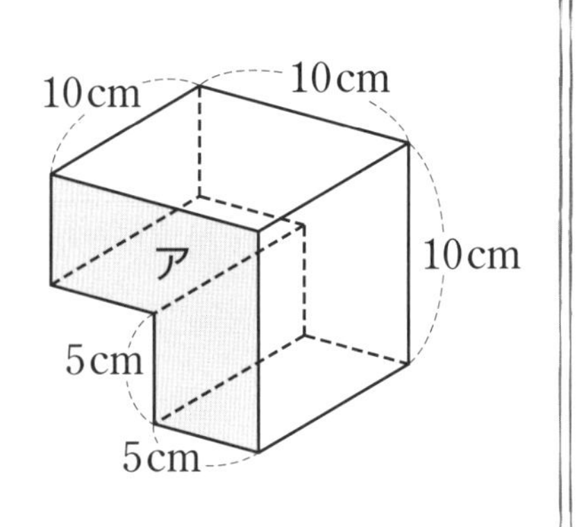

解き方と答え

(1) 右の図1のように，高さ5cmまでの部分と，高さ5cmより上にある部分に分けて考えます。高さ5cmまでの部分の水の体積は

$10 \times 5 \times 5 = 250(\text{cm}^3)$

高さ5cmより上の部分の水の体積は

$10 \times 10 \times (8 - 5) = 300(\text{cm}^3)$

よって，容器に入っている水の体積は

$250 + 300 = \mathbf{550(cm^3)}$ …答

図1

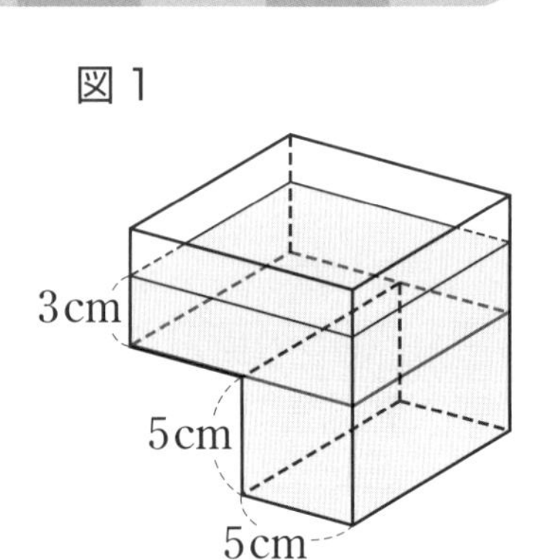

(2) アの面が底になるように容器を置くと，右の図2のようになります。

アの面の面積は

$10 \times 10 - 5 \times 5 = 75(\text{cm}^2)$

したがって，このときの水の深さは

$550 \div 75 = \mathbf{7\frac{1}{3}(cm)}$ …答

図2

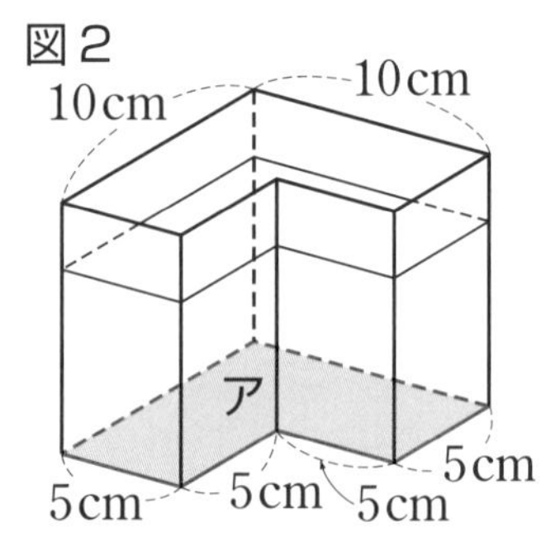

ポイント

一定な量の水を，容器を置きかえたり，別の容器に入れかえたりするとき

新しい水の深さ＝水の体積÷新しい底面積

解答➡別冊11ページ

練習問題 6-❶

1 右の図のような密閉(みっぺい)された三角柱の容器に，4cm の深さまで水が入っています。この容器を，三角形 ABC の面が底になるように置いたとき，水の深さは何 cm になりますか。

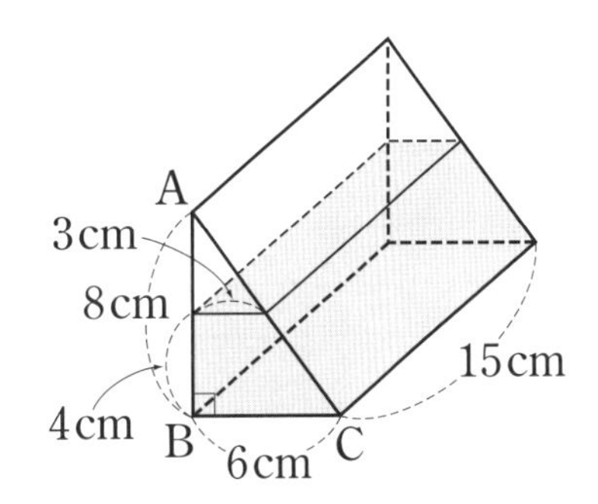

2 右の図のような直方体の容器があります。図のように長方形 EFGH を底面として容器を置き，10cm の高さまで水を入れました。次に長方形 AEFB を底面として置きなおすと，水の高さは 8cm になりました。このとき，AE の長さは何 cm ですか。

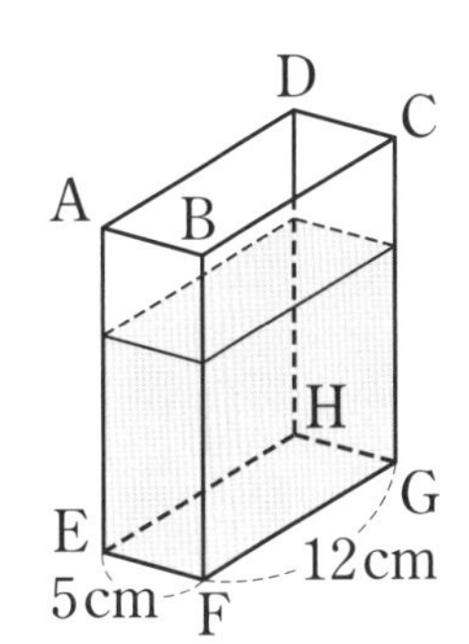

例題6-❷

図1のような直方体の容器(ようき)に深さ10cmまで水が入っています。辺EHをゆかからはなさずに容器をかたむけていくとき，次の問いに答えなさい。

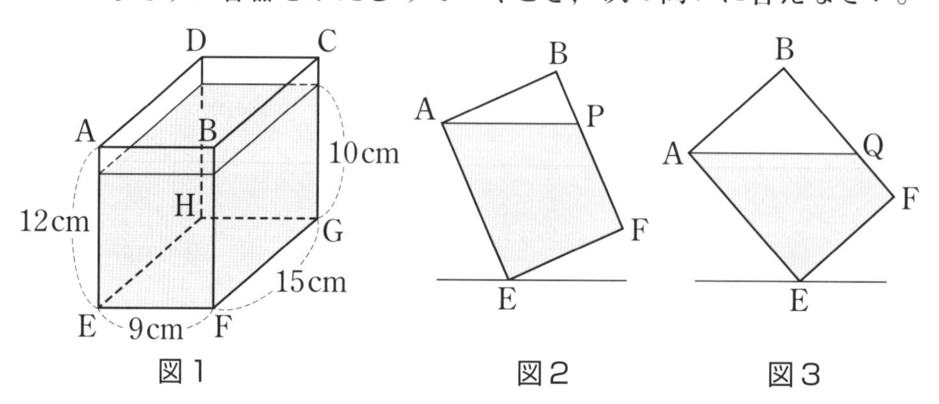

図1　図2　図3

(1) 図2のように，水がこぼれることなく水面が容器のふちにかかったとき，水面の位置(いち)は図2のAPとなりました。図2のPFの長さを求(もと)めなさい。

(2) さらに容器を図3のようにかたむけて270cm³の水を流したところ，水面の位置は図3のAQとなりました。図3のQFの長さを求めなさい。

解き方と答え

下の図4～図6はどれもおく行きが同じですから，正面から見た図で考えます。

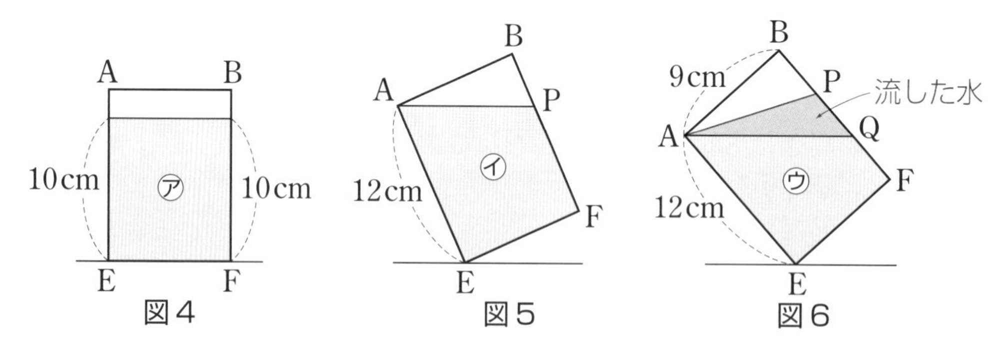

図4　図5　図6

(1) 図4の㋐と図5の㋑の面積(めんせき)は同じですから

10＋10＝12＋PFより　PF＝20－12＝**8(cm)**　…答

(2) 図5の㋑と図6の「㋒＋流した水」の面積は同じです。流した水の体積は270cm³ですから，三角形AQPの面積は

$270 \div 15 = 18$(cm²)

より，PQの長さは　$18 \times 2 \div 9 = 4$(cm)

したがって，QFの長さは　PF－PQ＝8－4＝**4(cm)**　…答

正面から見た図で考えよう！
・水の量に変化がない場合→水の部分の面積は変わらないことを利用
・水がこぼれる場合→減った分の面積×おく行き＝こぼれた水の体積

練習問題 6-❷

1 次の図1のように，縦4cm，横10cm，高さ8cmの直方体の容器いっぱいに水を入れました。図2のように容器をかたむけて水をこぼし，図3のようにもどしました。xの値を求めなさい。

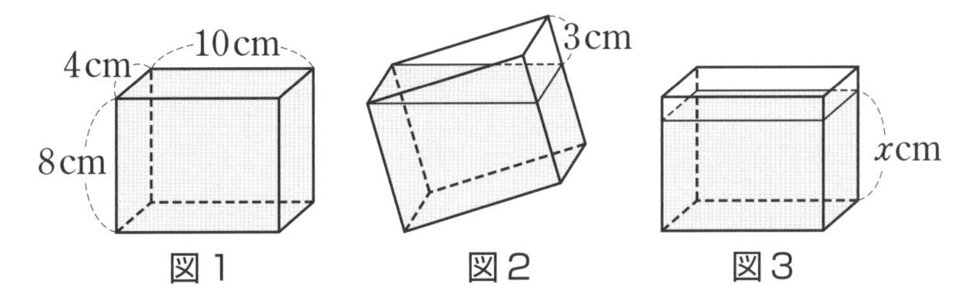

2 縦，横の長さがそれぞれ6cm，5cmで高さがわからない直方体の水そうがあります。この水そうに深さ10cmまで水を入れ，右の図のようにかたむけたところ105cm³の水がこぼれました。この水そうの高さは何cmですか。

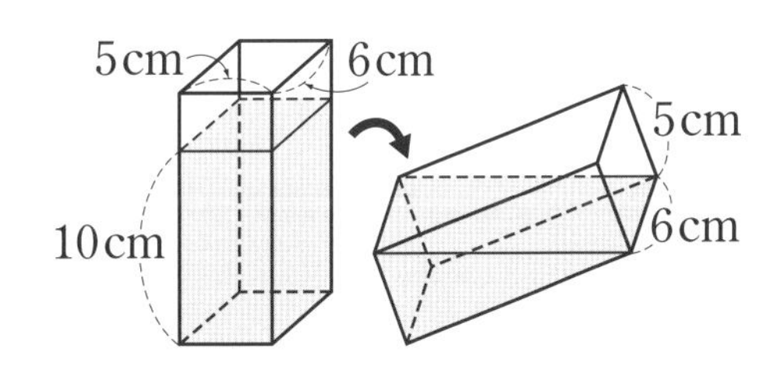

7日目 水そうにおもりを入れる

例題7-❶

次の問いに答えなさい。

⑴ 底面積が $500cm^2$ の長方形で，高さが 60cm の直方体の容器に 30cm の高さまで水を入れ，そこに石のおもりをしずめたところ，水の高さが 42cm になりました。この石の体積は何 cm^3 ですか。

⑵ 右の図のように，縦 20cm，横 30cm，深さ 25cm の水そうに，深さ 15cm まで水が入っています。この水そうに縦 12cm，横 12cm，高さ 30cm の棒を底面が水平になるようにしずめていきます。この棒を水の中に 10cm しずめると水の深さは何 cm になりますか。

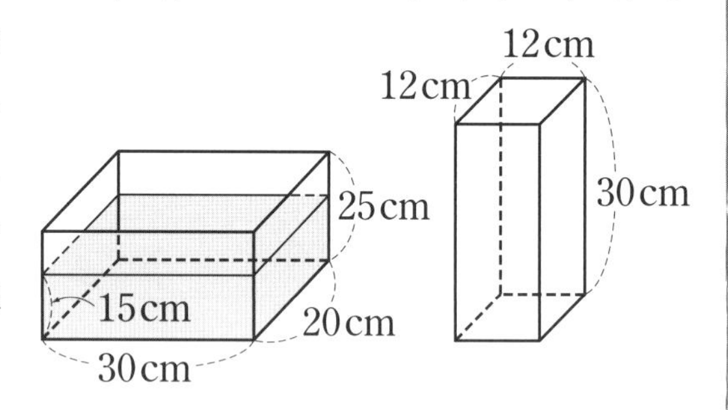

解き方と答え

⑴ おもりを水の中に入れると，水面は高くなります。しかし，水の体積は変わっていませんから，見かけ上増えた分の水の体積は，水につかっている石のおもりの体積と等しいことがわかります。
したがって，右の図1 より，この石の体積はしゃ線をつけた部分の水の体積と等しく

$500\times(42-30)=$ **6000** (cm^3) …答

図1

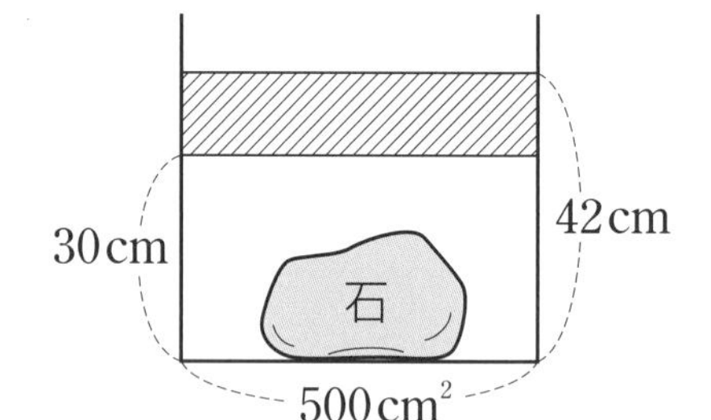

⑵ ⑴と同じようにして考えると，右の図2 において，見かけ上増えた分の水の体積（しゃ線をつけた部分の体積）は，水につかっている棒の体積（色がついた部分の体積）と等しいことがわかります。水につかっている棒の体積は　$12\times12\times10=1440(cm^3)$
より，見かけ上増えた分の水の深さは

$1440\div(20\times30)=2.4(cm)$

よって，求める深さは　$15+2.4=$ **17.4** (cm)　…答

図2

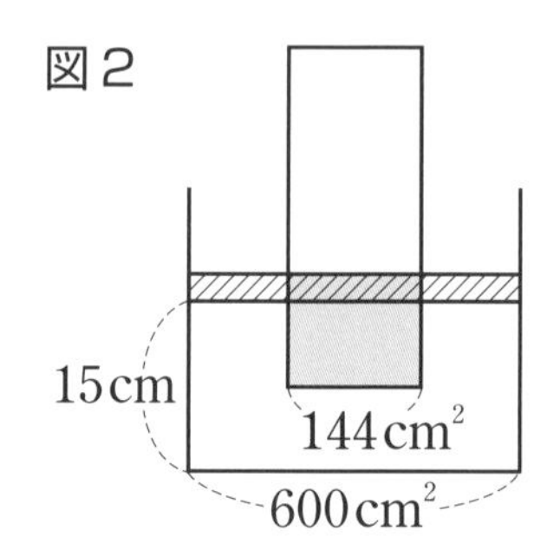

見かけ上増えた水の体積＝水面下のおもりの体積

練習問題 7-❶

1 右の図のような直方体の容器いっぱいに水が入っています。この容器の中には1辺（へん）の長さが5cmの立方体の形をした鉄のかたまりが入っています。このとき，鉄のかたまりを容器から取り出すと，容器の水の深さは何cmになりますか。

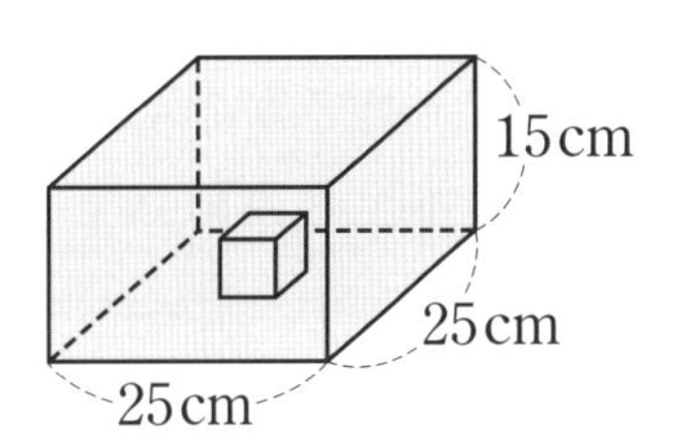

2 図1のような直方体の容器に，深さ8cmまで水が入っています。この容器の中に，図2のような底面積が24cm²，高さが15cmの円柱の棒を図の向きのまま，まっすぐにしずめていきます。これについて，次の問いに答えなさい。

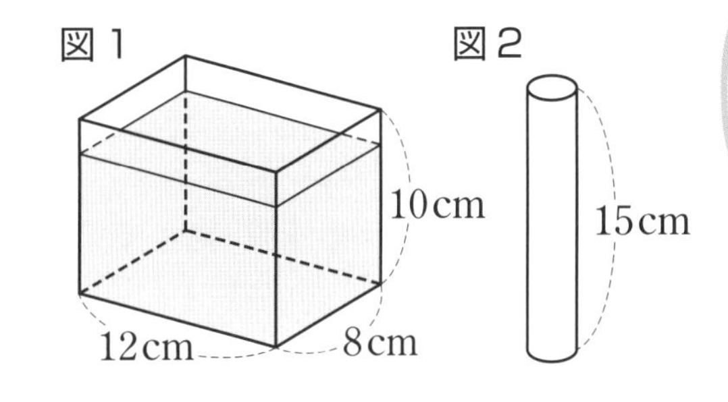

(1) この棒を水の中に5cmしずめると，水の深さは何cmになりますか。

(2) 容器から水がこぼれ始めるのは，棒を水の中に何cmしずめたときですか。

例題7－❷

右の図1のように，底面が縦20cm，横24cmの長方形で，高さが28cmの直方体の水そうに，深さ11cmまで水が入っています。この水そうに，図2のような底面が1辺8cmの正方形で，高さが35cmの四角柱の棒2本を垂直に立てると，水の深さは何cmになりますか。

図1

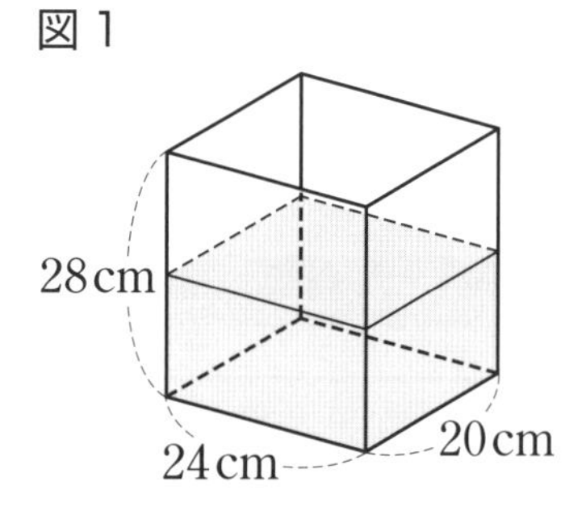

図2

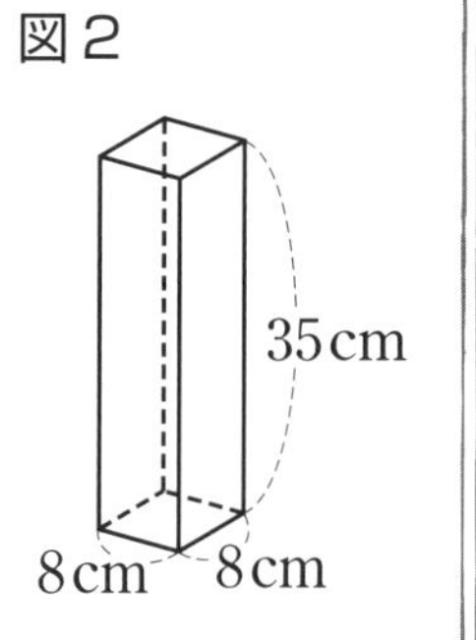

解き方と答え

水そうの底面積が，立てた四角柱の底面積の分だけ減ると考えます。

水そうの底面積は

$20 \times 24 = 480(cm^2)$

より，水の体積は

$480 \times 11 = 5280(cm^3)$

四角柱の棒の底面積は

$8 \times 8 = 64(cm^2)$

より，四角柱の棒を2本立てたときの水の部分の底面積は

$480 - 64 \times 2$

$= 352(cm^2)$

したがって，求める水の深さは

$5280 \div 352 = \mathbf{15(cm)}$ …答

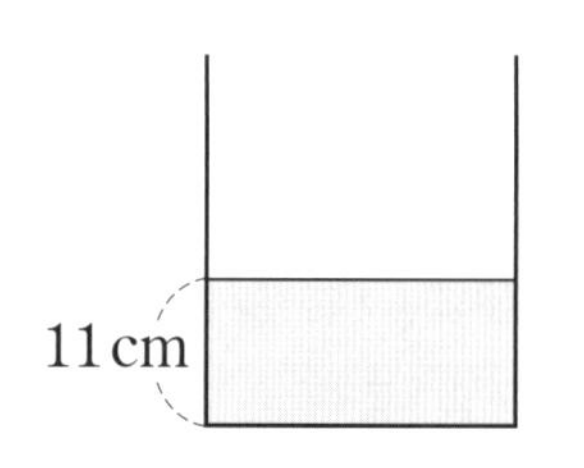

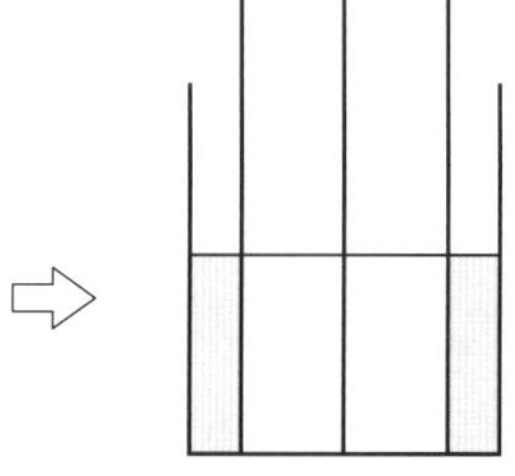

（底面）

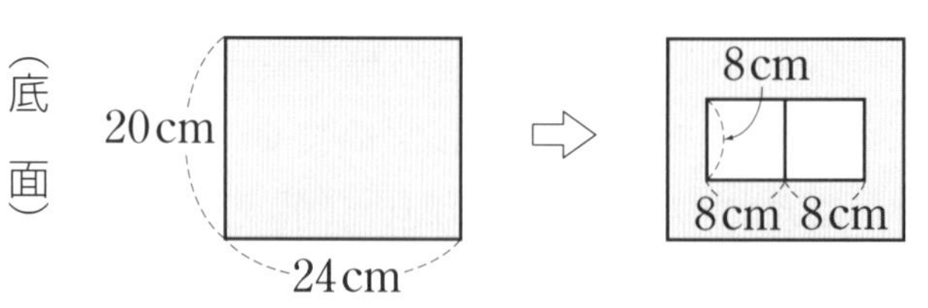

ポイント

水が入った容器の中におもりを立てる問題で，おもりが全部水につかっていない場合は，容器の底面積が，立てたおもりの底面積の分だけ小さくなったと考えよう！

解答➡別冊12ページ

練習問題 7-❷

1 直方体の水そうの水に直方体のおもりを入れました。水の深さは，図1 のように入れると 5cm，図2 のように入れると 4cm でした。

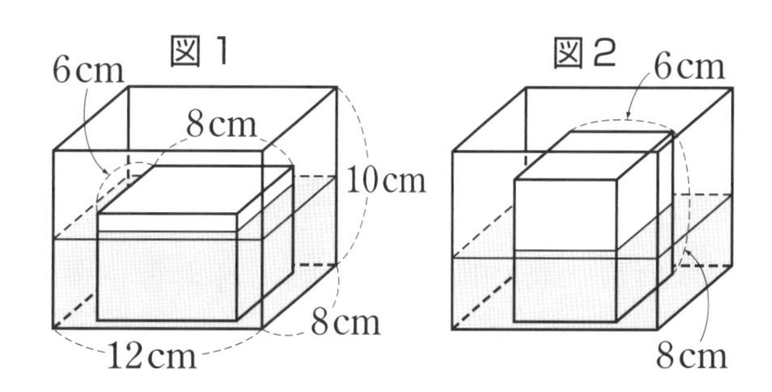

⑴ 水そうに入っている水の体積は何 cm³ ですか。

⑵ おもりの体積は何 cm³ ですか。

2 図1 のように，底面積が 200cm² で，高さが 20cm の直方体の容器に水が 12cm の深さまで入っています。その中に，図2 のような，底面積が 40cm² で，高さが 16cm の鉄の円柱をまっすぐに立てて，底につくまで入れます。これについて，次の問いに答えなさい。

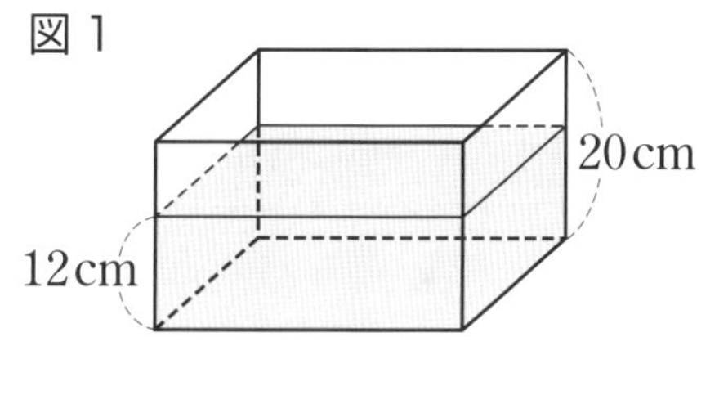

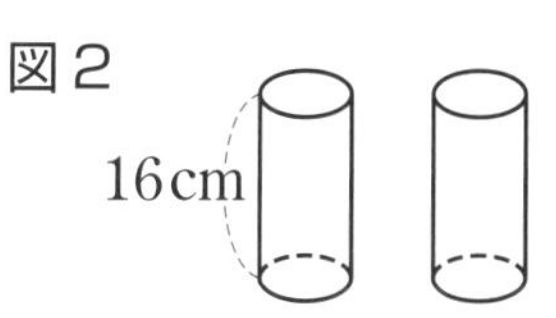

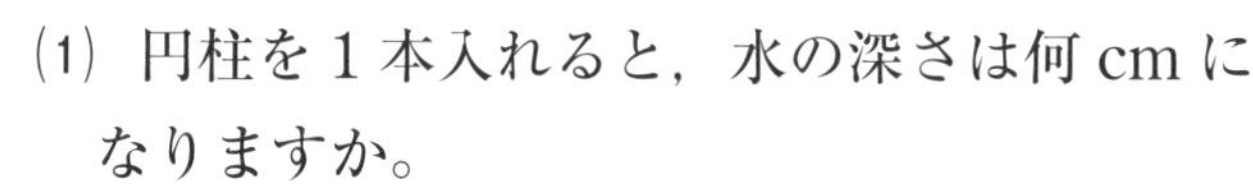

⑴ 円柱を 1 本入れると，水の深さは何 cm になりますか。

⑵ 円柱を 2 本入れると，水の深さは何 cm になりますか。

8日目 5日目～7日目の復習

1 右の図は体積が等しい立方体を140個用いて作られた直方体です。この直方体の表面に色をぬった後，140個の立方体を再びばらばらにしました。これについて，次の問いに答えなさい。

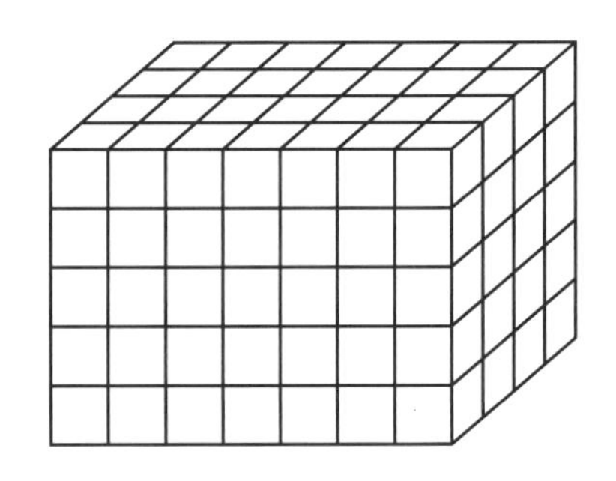

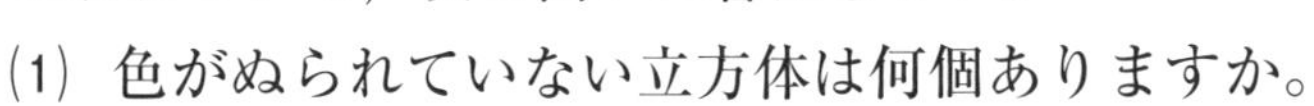

⑴ 色がぬられていない立方体は何個ありますか。

⑵ 1つの面に色がぬられた立方体は何個ありますか。

⑶ 2つの面に色がぬられた立方体は何個ありますか。

2 右の図は体積が等しい立方体をある規則にしたがって3段に積んだものです。同じように5段積んだ場合について，次の問いに答えなさい。

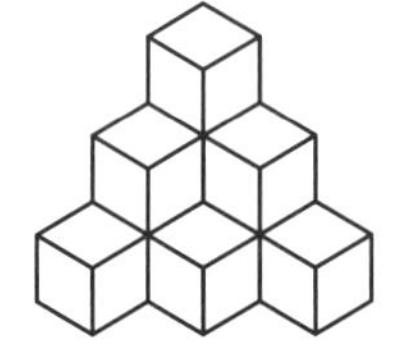

⑴ 4つの面に色がぬられた立方体は何個ありますか。

⑵ 3つの面に色がぬられた立方体は何個ありますか。

⑶ 2つの面に色がぬられた立方体は何個ありますか。

3 図1のような，底面が直角三角形の三角柱の容器に，深さ8cmのところまで水が入っています。この水を，図2のような深さ10cmの直方体の容器に全部移したとき，水の深さは何cmになりますか。

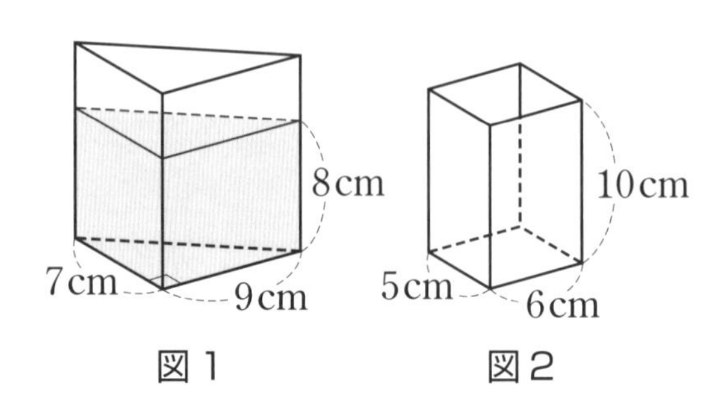

図1　　図2

4 図1のような，立方体から直方体を切り取って作った容器に水を入れて，図2のようにふたをして45°かたむけたところ，▭の部分まで水が入っていました。次の問いに答えなさい。

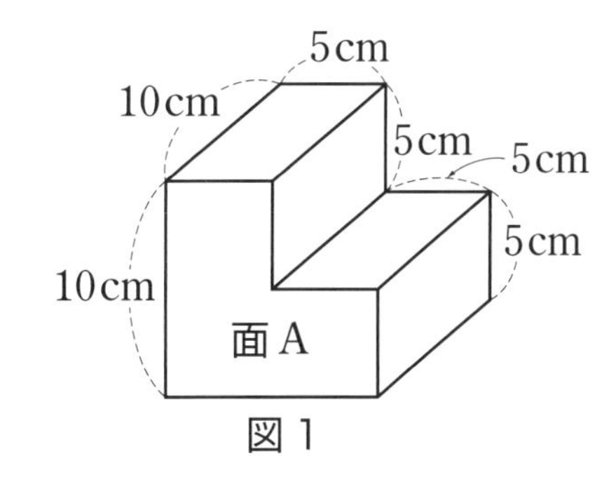

図1

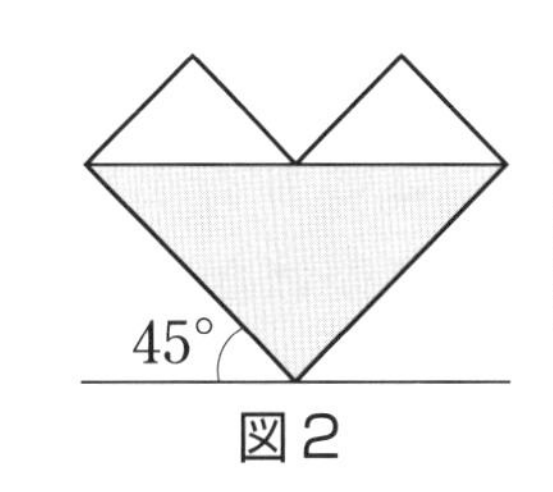

図2

(1) この容器に入っている水の量は何 cm^3 ですか。

(2) この容器の面Aを底(そこ)にして垂直(すいちょく)に立てると，水の深さは何cmになりますか。

5 底面の半径(はんけい)が20cm，高さが30cmの円柱を4等分した形の容器に，図1のように水が入っています。このとき，次の問いに答えなさい。ただし，円周率(えんしゅうりつ)は3.14とします。

図1

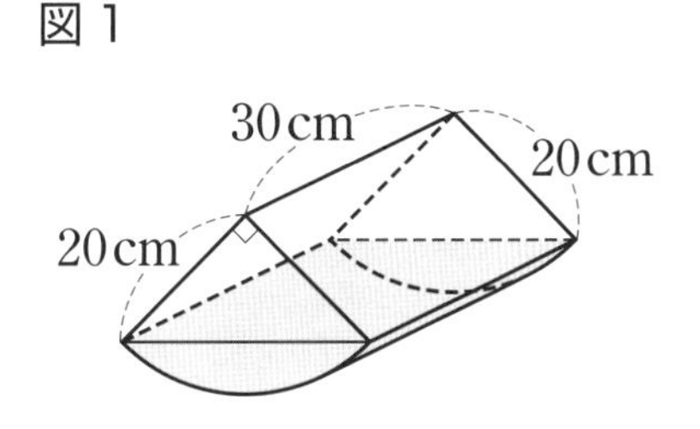

図2

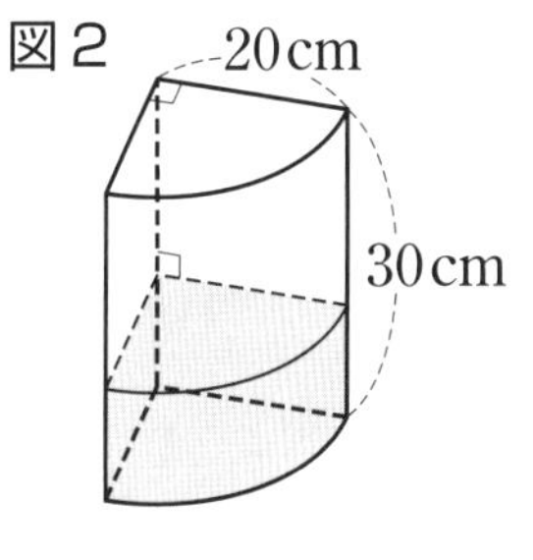

(1) 図1の水の体積は何 cm^3 ですか。

(2) 図1の容器を図2のように置(お)きかえたとき，水面の高さは何cmになりますか。四捨五入(ししゃごにゅう)して小数第1位まで求(もと)めなさい。

6 図1 のように底面（ていめん）が 1 辺 8cm の正方形で高さが 20cm の直方体の形をした容器（ようき）があり，その中に水を満（み）たしました。この容器を図2 のように辺 AB を地面につけたまま 45° かたむけ，水をこぼしました。次に容器をもとにもどします。そのときの水の深さを求（もと）めなさい。

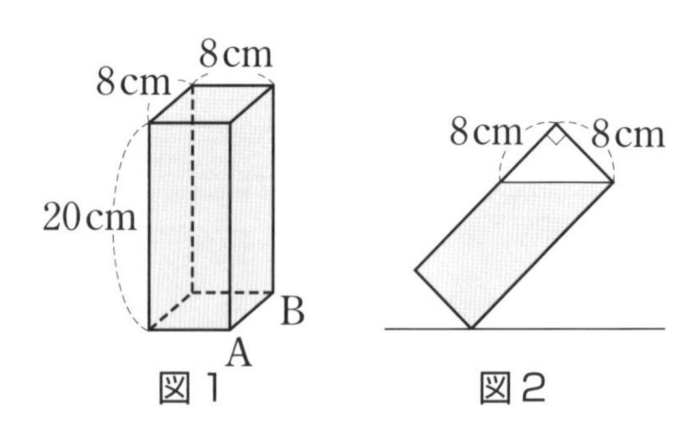

図 1　　図2

7 下の図のような，底面の 1 辺が 4cm の正方形で，高さが 10cm の直方体の容器があります。今，図1 のように，その容器に水を満たしました。このとき，次の問いに答えなさい。

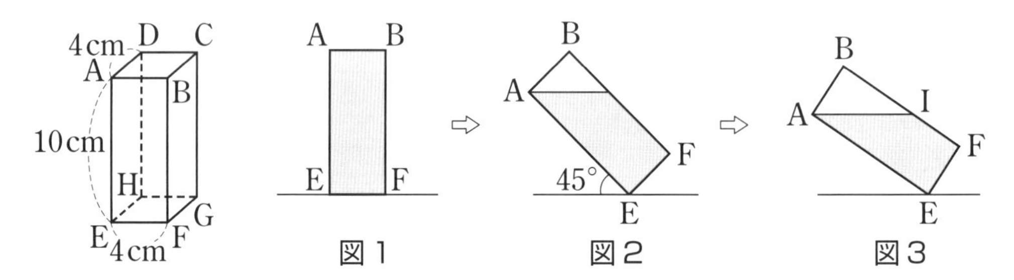

図 1　　図2　　図3

(1) 図2 のように，容器を 45° かたむけました。水は何 cm^3 こぼれましたか。

(2) さらに容器をかたむけると，水が $16cm^3$ こぼれ，図3 のようになりました。IF の長さは何 cm ですか。

8 図1のような直方体の水そうに，底（そこ）から5cmのところまで水を入れました。このとき，次の問いに答えなさい。

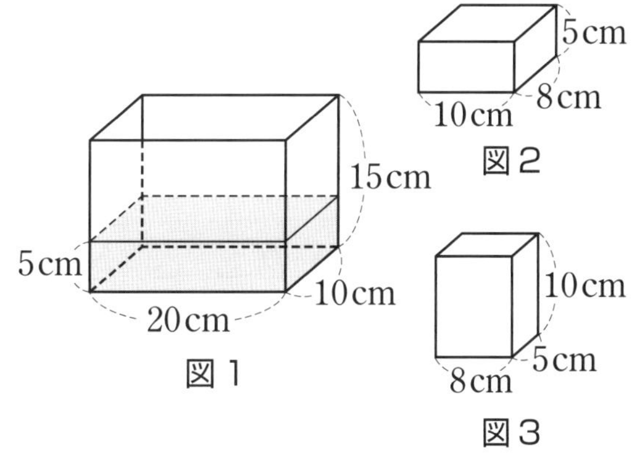

(1) 図2の直方体を，この向きのままかたむけずに水そうの底につくまで入れました。このとき，水面の高さは底から何cmになりますか。

(2) 図3の直方体を，この向きのままかたむけずに水そうの底につくまで入れました。このとき，水面の高さは底から何cmになりますか。

9 右の図のように，縦（たて）25cm，横40cm，深さ30cmの水そうに，深さ18cmまで水が入っています。この水そうに縦10cm，横10cm，高さ40cmの棒（ぼう）を入れるとき，次の問いに答えなさい。ただし，棒を水そうに入れるときは，棒の底面が水平になるように入れます。

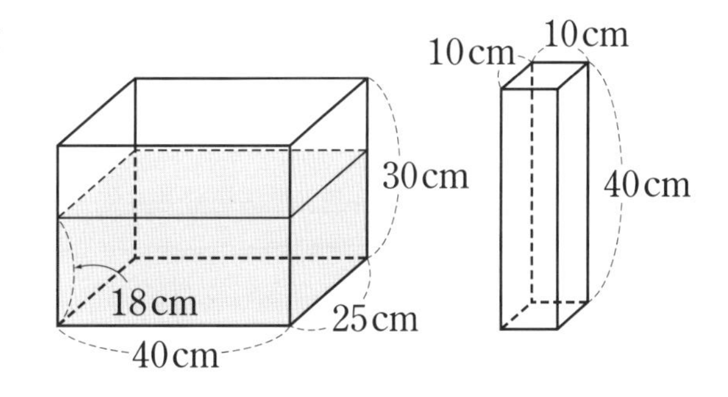

(1) 水面が1cm上がるのは，底から何cmのところまで棒を入れたときですか。

(2) 棒の底面が水そうの底面につくまで入れると，水の深さは何cmになりますか。

10 水そうに水が入っています。この中に，図1のように，1辺が5cmの立方体の石を2個（こ）重ねて入れたら，水面の高さが石の高さと同じになりました。

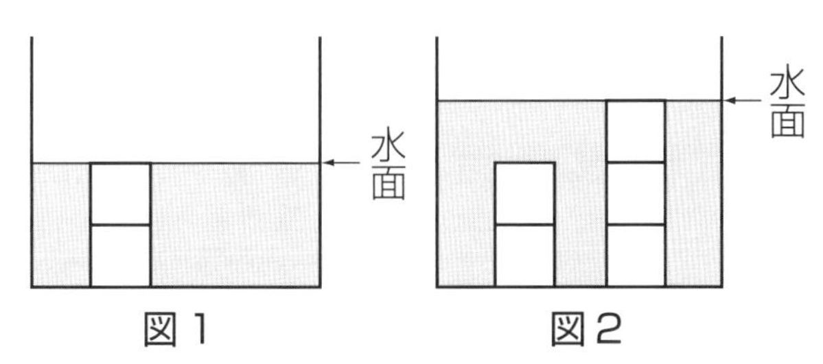

さらに，図2のように同じ立方体の石を3個重ねて入れたら，水面の高さが石の高さと同じになりました。この水そうの中の水の量（りょう）は何cm^3ですか。

9日目 角すい・円すい

例題9-❶

次の(1)，(2)の問いの□にあてはまる数を求めなさい。

(1) 右の図の立体ABCDEは，三角柱の一部で，四角形ABCDは長方形です。この立体の体積は□cm^3です。

(2) 右の図1の円柱の容器に水がいっぱいに入っています。この水を図2の円すいの容器いっぱいに移すと，円柱の容器に□cm^3の水が残ります。

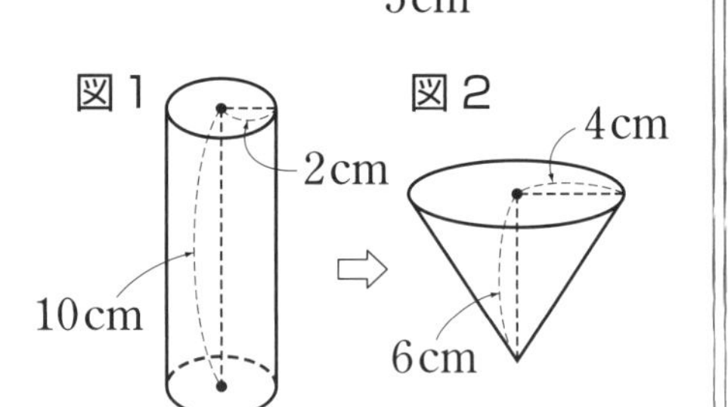

解き方と答え

(1) この立体は底面が長方形ABCDで，高さが6cmの四角すいになりますから，体積は

$$(2\times5)\times6\times\frac{1}{3}=\mathbf{20}(cm^3)$$ …答

⬆ 角すいの体積＝底面積×高さ×$\frac{1}{3}$

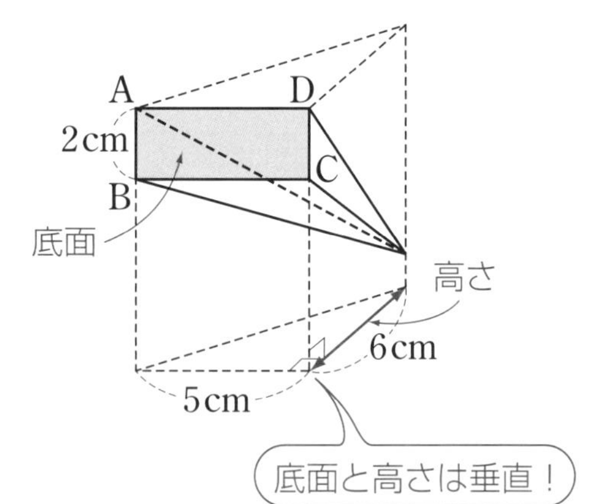

(2) 円柱の容器に入っている水の体積は

$$2\times2\times3.14\times10=40\times3.14(cm^3)$$

円すいの容器に入る水の体積は

$$(4\times4\times3.14)\times6\times\frac{1}{3}=32\times3.14(cm^3)$$

⬆ 円すいの体積＝底面積×高さ×$\frac{1}{3}$

したがって，残る水の体積は

$$40\times3.14-32\times3.14=8\times3.14=\mathbf{25.12}(cm^3)$$ …答

角すい・円すいの体積＝底面積×高さ×$\frac{1}{3}$

底面と高さが垂直になることから，
どの面が底面になるのか注意しよう！

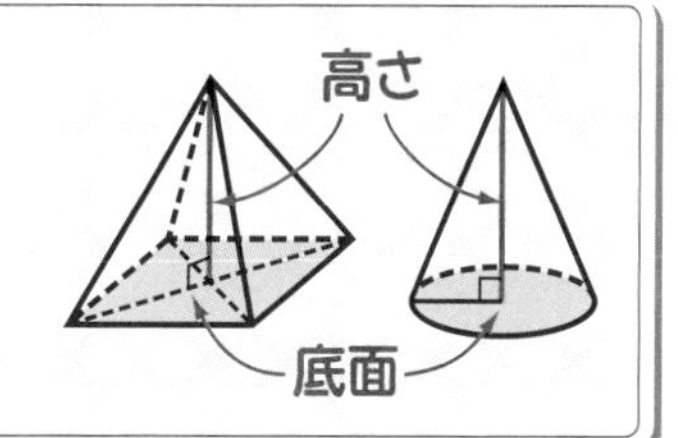

解答➡別冊16ページ

練習問題 9-❶

1 右の図のような半径6cm，高さが10cmの円すいを逆さまにしたグラスと，半径8cmの円柱の水そうがあります。
グラスにいっぱいに水を入れて，水そうに入れました。ちょうど8はいで水そうがいっぱいになりました。水そうの高さは何cmですか。

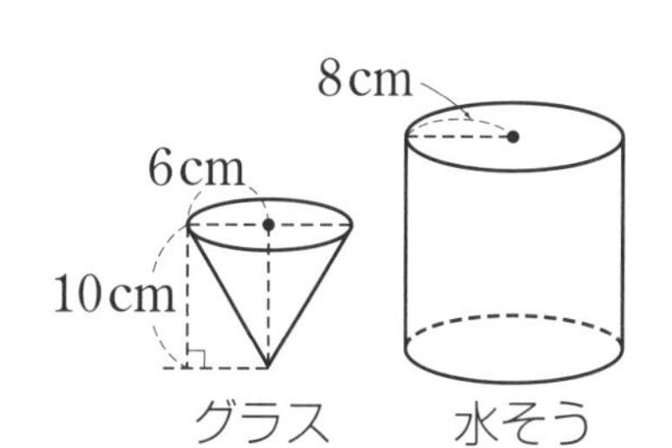

2 右の図の三角柱は底面が直角二等辺三角形，側面がすべて長方形です。これを3点A，C，Pを通る平面で切ります。このときにできる2つの立体のうち，大きい方の立体の体積は何cm³ですか。ただし，AC＝8cm，AD＝6cm，BP＝PEです。

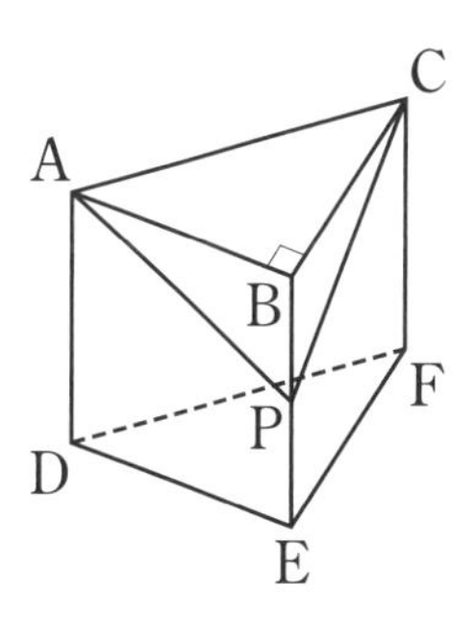

例題9-❷

下の図1のような円すいがあります。この円すいの展開図(てんかいず)は図2のようになります。次の問いに答えなさい。ただし，円周率(えんしゅうりつ)は3.14とします。

図1

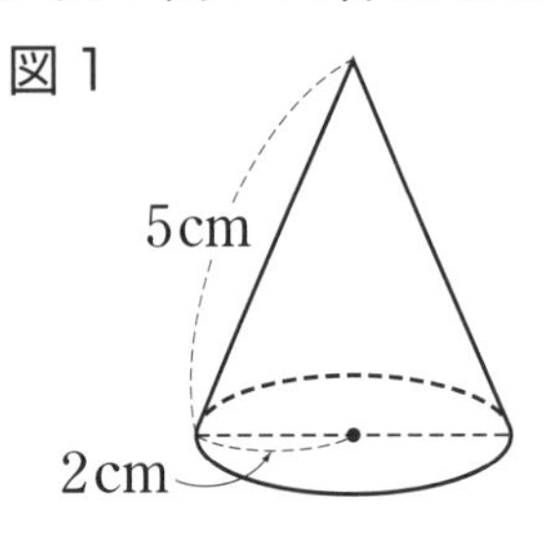

図2

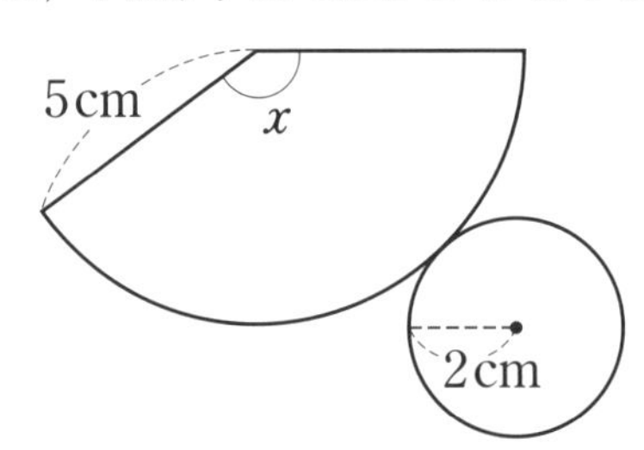

(1) 図2の角 x の大きさは何度ですか。

(2) この円すいの表面積(めんせき)は何 cm^2 ですか。

解き方と答え

(1) 右の図において，側面(そくめん)にあたるおうぎ形の弧(こ)の長さと，底面にあたる円の周の長さは等しくなりますから

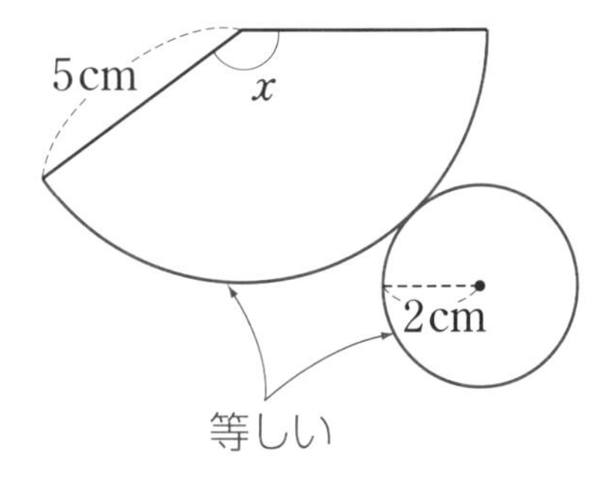

$$5\times2\times3.14\times\frac{x}{360}=2\times2\times3.14$$

より　$\frac{x}{360}=\frac{2}{5}$　← $\frac{\text{中心角}}{360°}=\frac{\text{半径(はんけい)}}{\text{母線}}$

よって　$x=360\times\frac{2}{5}=$ **144°**　…答

(2) この円すいの側面積(おうぎ形の面積)は

$$5\times5\times3.14\times\frac{2}{5}$$

↑ $\frac{\text{中心角}}{360°}=\frac{\text{半径}}{\text{母線}}$

$$=5\times2\times3.14$$

↑ 母線×半径×円周率

$$=10\times3.14$$

この円すいの底面積は

$$2\times2\times3.14=4\times3.14$$

したがって，この円すいの表面積は

$$10\times3.14+4\times3.14=14\times3.14$$

$=$ **43.96(cm^2)**　…答

ポイント

円すいに関(かん)する問題は，下の「公式」を使うと，計算が楽になる！

・$\dfrac{\text{中心角}}{360°}=\dfrac{\text{半径}}{\text{母線}}$

　⇨$\text{中心角}=360°\times\dfrac{\text{半径}}{\text{母線}}$

・側面積＝母線×半径×円周率

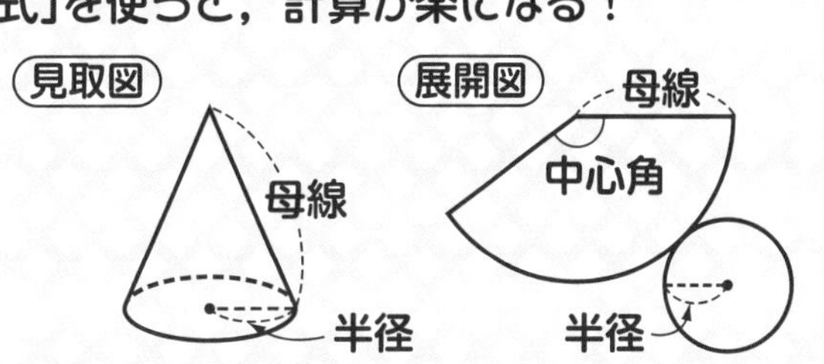

練習問題 9-❷

1 円すいの側面の展開図はおうぎ形です。次の問いに答えなさい。

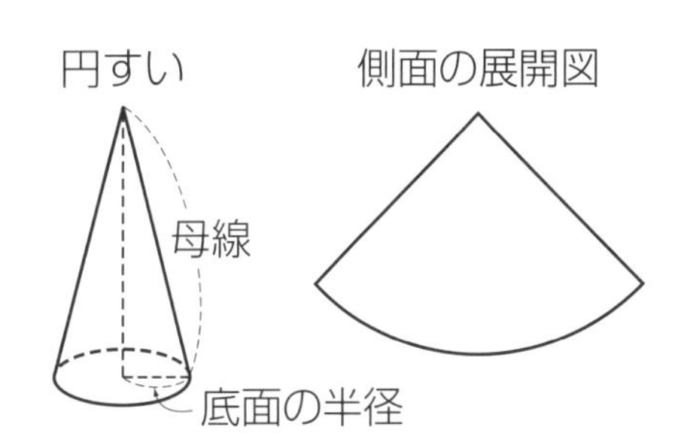

(1) 円すいの母線の長さが16cmで，底面の半径が4cmのとき，側面を表すおうぎ形の中心角は何度ですか。

(2) 円すいの母線の長さが15cmで，側面を表すおうぎ形の中心角が120度のとき，底面の半径は何cmですか。

(3) 円すいの底面の半径が6cmで，側面を表すおうぎ形の中心角が160度のとき，母線の長さは何cmですか。

2 右の図のような底面の半径が5cmで，母線の長さが12cmの円すいの表面積は何cm^2ですか。ただし，円周率は3.14とします。

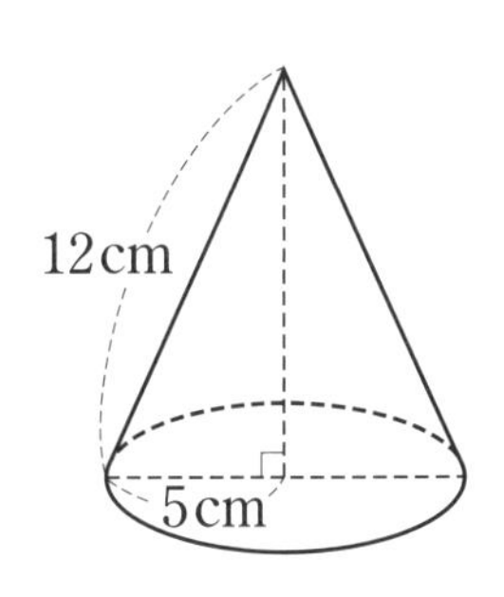

回転体の体積・表面積

例題 10-❶

次の問いに答えなさい。ただし，円周率は3.14とします。

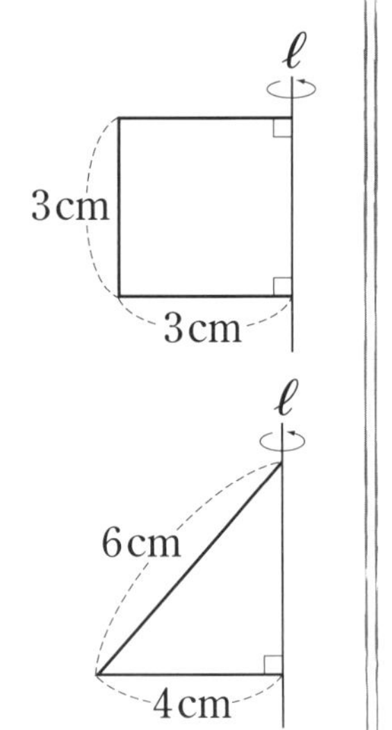

(1) 右の図のような正方形を，直線 ℓ を軸として１回転させてできる立体の体積は何 cm^3 ですか。

(2) 右の図のような直角三角形を，直線 ℓ を軸として１回転させてできる立体の表面積は何 cm^2 ですか。

解き方と答え

(1) まず，下の図1のように回転の軸 ℓ を対称の軸として，線対称な図形をかきます。次に，図2のように対応する頂点どうしを曲線で結ぶと回転体の見取図になります。

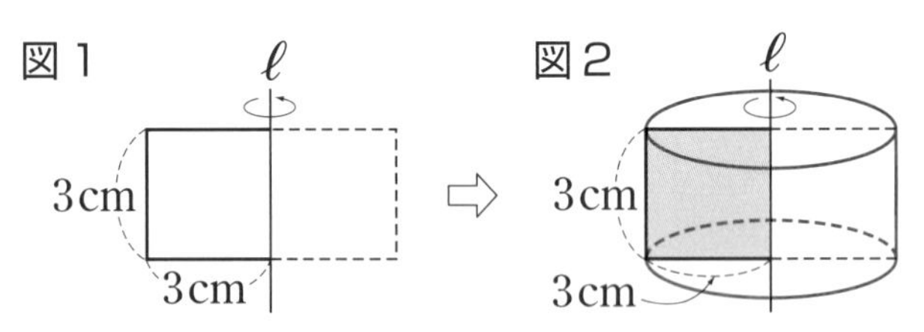

この立体は，底面の半径が3cmで，高さが3cmの円柱であることがわかりますから，この立体の体積は

$3\times3\times3.14\times3=27\times3.14=\mathbf{84.78}(\mathbf{cm^3})$ …答

(2) (1)と同じ手順で見取図をかくと，下の図3，図4のようになります。

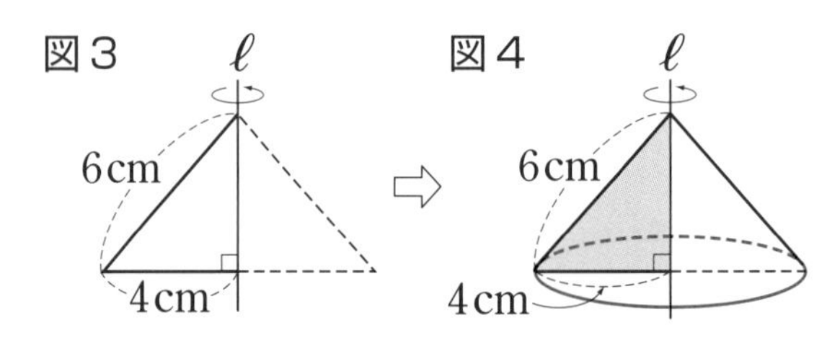

この立体は，底面の半径が 4cm，母線の長さが 6cm の円すいであることがわかりますから，この立体の表面積は

$6\times4\times3.14+4\times4\times3.14=(24+16)\times3.14=\mathbf{125.6(cm^2)}$ …答

回転体の問題は，見取図を正確（せいかく）にかいて考えよう！
回転体の基本（きほん）の形は，円柱と円すいになる！

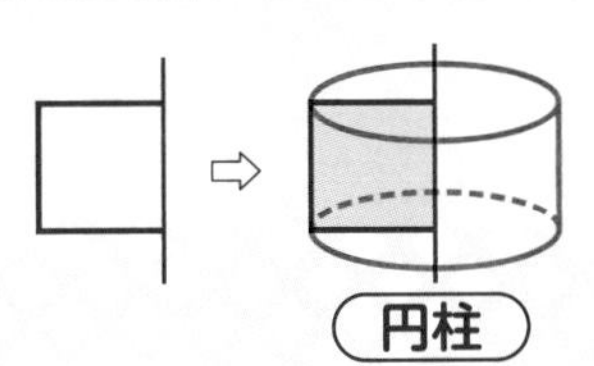

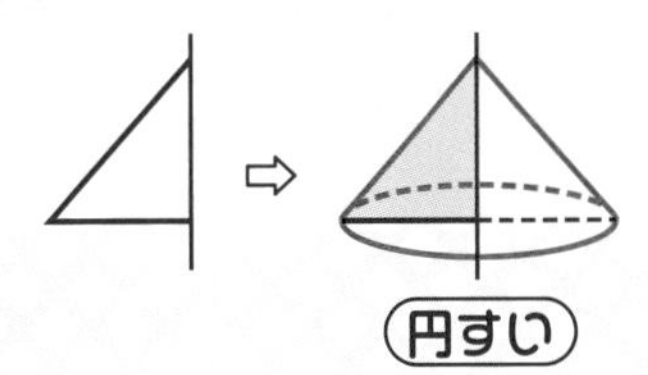

解答➡別冊 17 ページ

練習問題 10-❶

1 右の図のような長方形を，直線 ℓ を軸として 1 回転させてできる立体の表面積は何 cm² ですか。ただし，円周率は 3.14 とします。

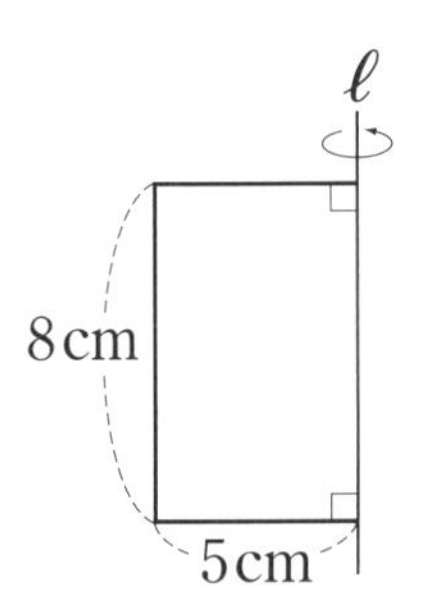

2 右の図のような直角三角形 ABC があります。この直角三角形 ABC を BC を軸として 1 回転させてできる立体と，AC を軸として 1 回転させてできる立体の体積の差（さ）は何 cm³ になりますか。ただし，円周率は 3.14 とします。

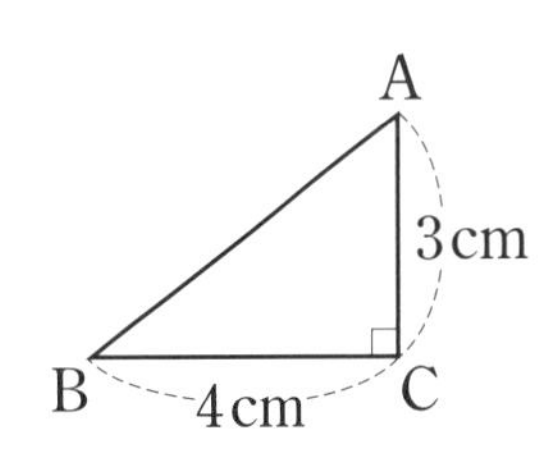

例題 10-❷

右の▭の部分の図形を，直線 ℓ を軸に1回転してできる立体について，次の問いに答えなさい（円周率は3.14とします）。

⑴ この立体の体積を求めなさい。

⑵ この立体の表面積を求めなさい。

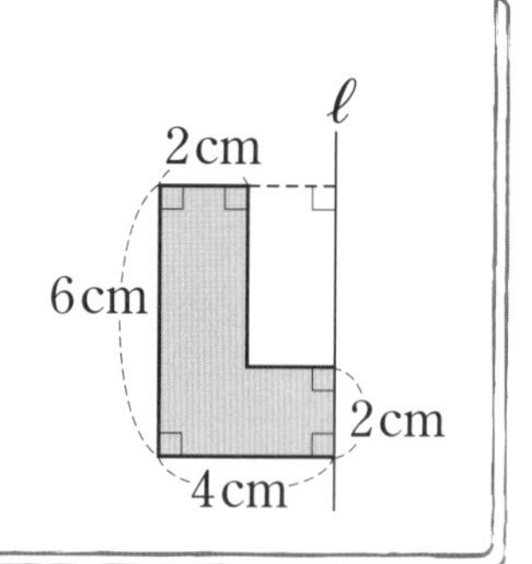

解き方と答え

まず，下の図1のように回転の軸 ℓ を対称の軸として，線対称な図形をかきます。次に，図2のように対応する頂点どうしを曲線で結ぶと回転体の見取図になります。

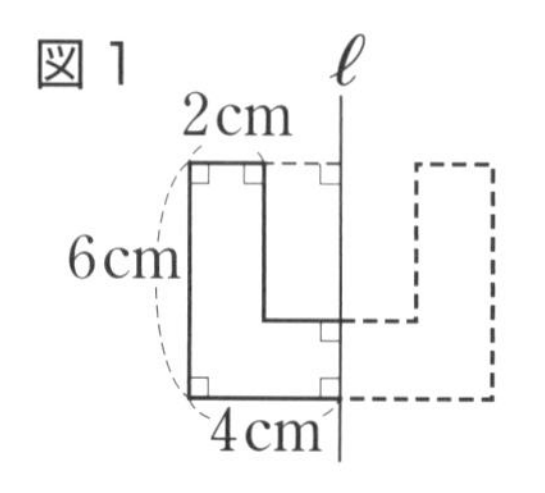

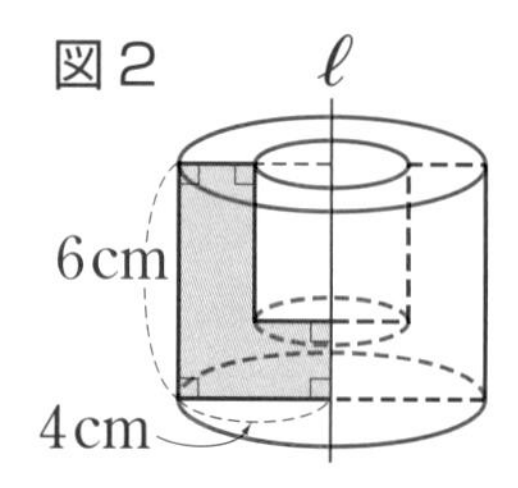

この立体は，底面の半径が4cmで，高さが6cmの円柱から，底面の半径が(4－2＝)2cmで，高さが(6－2＝)4cmの円柱をくりぬいた立体になることがわかります。

⑴ $4\times4\times3.14\times6-2\times2\times3.14\times4=80\times3.14$

$=\mathbf{251.2(cm^3)}$ …答

⑵ この立体を真上，真下から見るとどちらも半径4cmの円になります。これに外側の側面積と内側の側面積を加えればよいですから，求める表面積は

$4\times4\times3.14\times2+4\times2\times3.14\times6+2\times2\times3.14\times4$

↑底面積の和　↑外側の側面積　↑内側の側面積

$=96\times3.14$

$=\mathbf{301.44(cm^2)}$ …答

多角形を回転させてできる立体は，円柱や円すいを組み合わせたり，くりぬいたりしてできる立体になる。

練習問題 10-❷

1 右の図のように，縦(たて)10cm，横5cmの長方形を，5cmはなれた直線 ℓ を軸として1回転したときにできる立体について，次の問いに答えなさい。ただし，円周率は3.14とします。

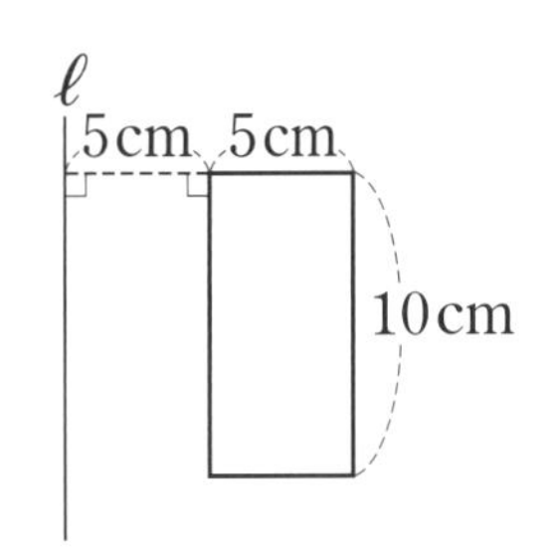

(1) この立体の体積は何 cm^3 ですか。

(2) この立体の表面積は何 cm^2 ですか。

2 右の図のような図形を ℓ のまわりに1回転させてできる立体について，次の問いに答えなさい。ただし，円周率は3.14とします。

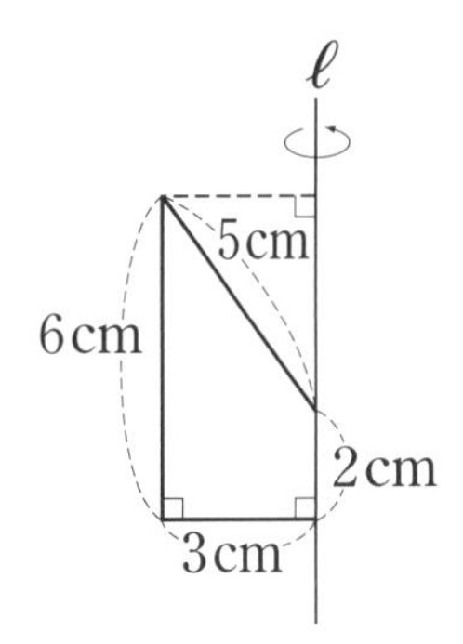

(1) この立体の体積は何 cm^3 ですか。

(2) この立体の表面積は何 cm^2 ですか。

例題 11 - ❶

下の(1), (2)の図は，ある立体を正面と真上から見たときの様子を表しています。(1)では立体の体積を，(2)では立体の表面積を求めなさい。ただし，円周率は 3.14 とします。

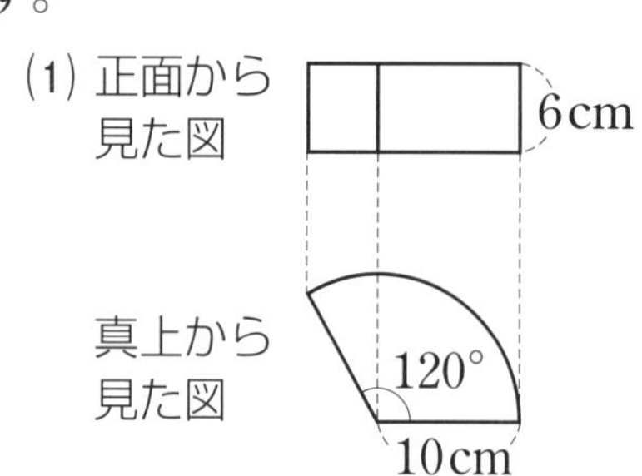

(2) 正面から見た図
10cm
真上から見た図
12cm
12cm

解き方と答え

(1) まず，「真上から見た図」より，この立体の底面は半径 10cm，中心角 120° のおうぎ形であることがわかります。
次に「正面から見た図」より，この立体は柱体であることがわかります。よって，見取図をかくと，右の図1 のようになりますから，この立体の体積は

図 1

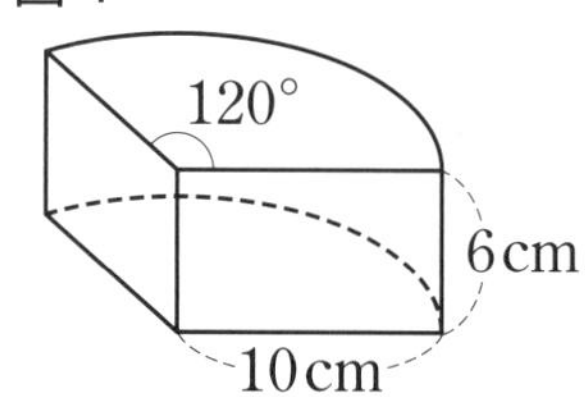

$$10\times10\times3.14\times\frac{1}{3}\times6=200\times3.14$$

$$=\mathbf{628}(\mathbf{cm^3})$$ …答

(2) まず，「真上から見た図」より，この立体の底面は 1 辺が 12cm の正方形であることがわかります。
次に，「正面から見た図」より，この立体は四角すいであることがわかります。よって，見取図をかくと，右の図2 のようになります。

図 2

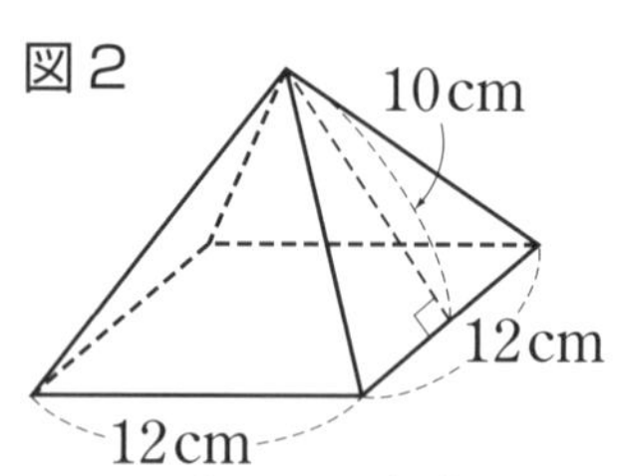

側面は，底辺が 12cm，高さが 10cm の二等辺三角形 4 つでできています。
よって，求める表面積は　$12\times12+12\times10\div2\times4=\mathbf{384}(\mathbf{cm^2})$　…答

見取図をかいて，立体の形を正しくとらえて考えよう！

解答➡別冊18ページ

練習問題 11-❶

1 下の(1), (2)の図は，ある立体を正面と真上から見た様子を表しています。(1)では立体の表面積を，(2)では立体の体積を求めなさい。ただし，円周率は3.14とします。

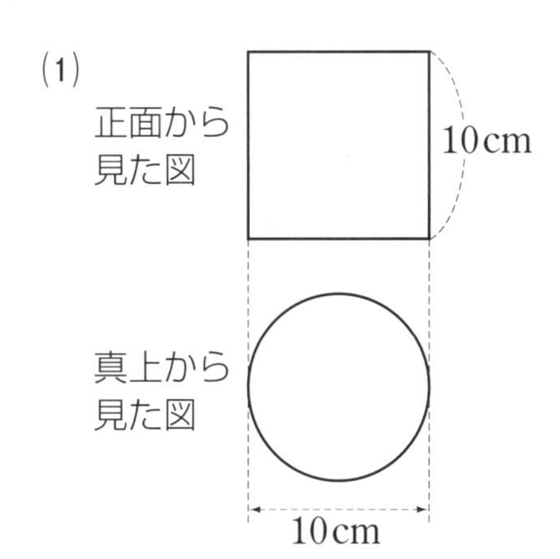

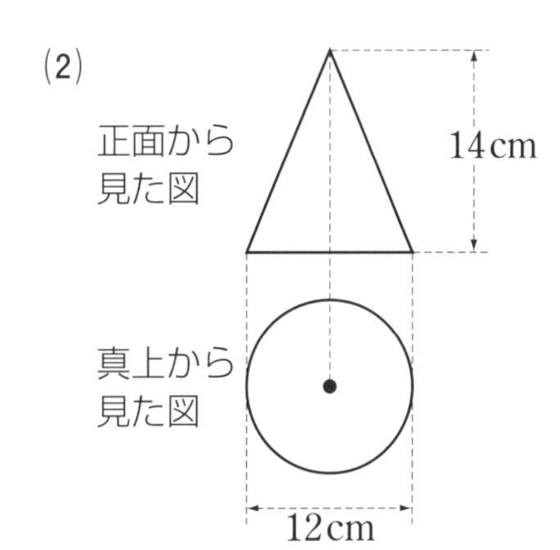

2 右の図は，直方体から円柱の一部を切り取った立体を，正面と真上から見た図です。この立体の体積を求めなさい。ただし，円周率は3.14とします。

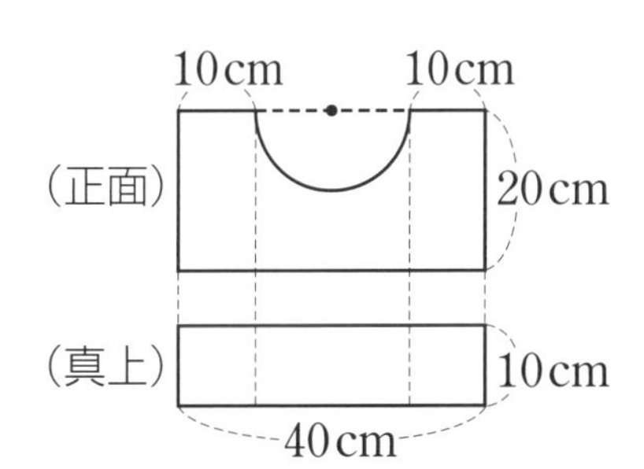

例題 11－❷

同じ大きさの立方体を，面と面がぴったりと重なるようにいくつか積み上げて立体を作りました。その立体を真上から見た図と，正面から見た図は右のようになっています。立体に使われている立方体の個数は何個以上何個以下ですか。

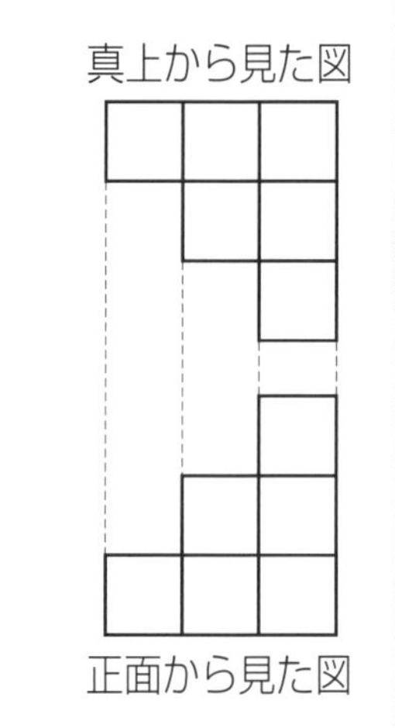

解き方と答え

右の図1 のように，真上から見た図を左から１列目，２列目，３列目とすると，正面から見たときの立方体の個数から，

１列目は　１個
２列目は　どこかに２個
３列目は　どこかに３個

の立方体が積み上げられていることがわかります。
よって，真上から見た図に，積み上げられた立方体の個数を書きこんで数えます。
まず，積み上げられた立方体の個数が最も少ない場合は，下の図2 のようになりますから

$1\times4+2+3=$**9(個以上)**　…答

次に，積み上げられた立方体の個数が最も多い場合は，下の図3 のようになりますから

$1+2\times2+3\times3=$**14(個以下)**　…答

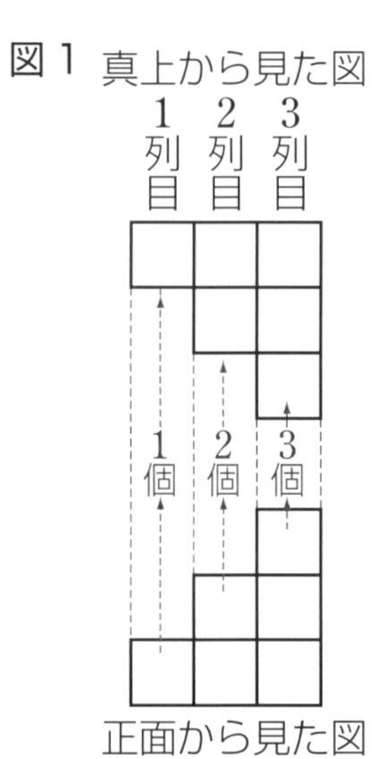

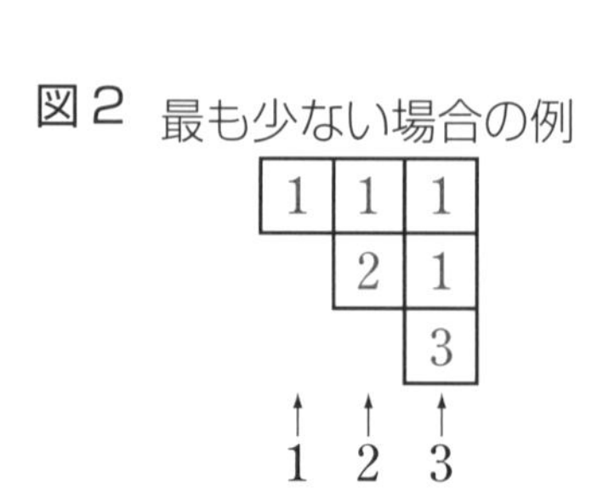

図３ 最も多い場合

1	2	3
	2	3
		3

↑1 ↑2 ↑3

積み上げられた立方体の個数が最も少ない場合と最も多い場合に分けて，「真上から見た図」のマス目に立方体の個数を書きこんで数えよう！

解答➡別冊18ページ

練習問題 11－❷

1 1辺が2cmの立方体の積み木をいくつか積み重ねた立体があります。右の図は，この立体を右横から見た図と真上から見た図を表したものです。この立体を作るのに使われた積み木の数は，何個以上何個以下と考えられますか。

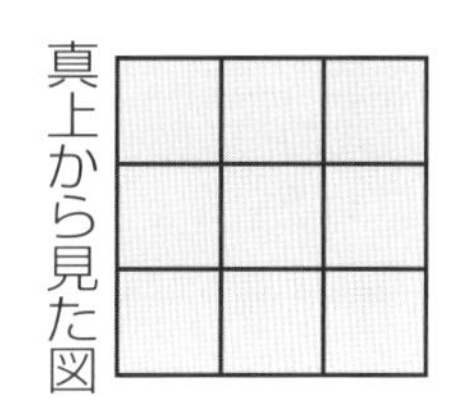

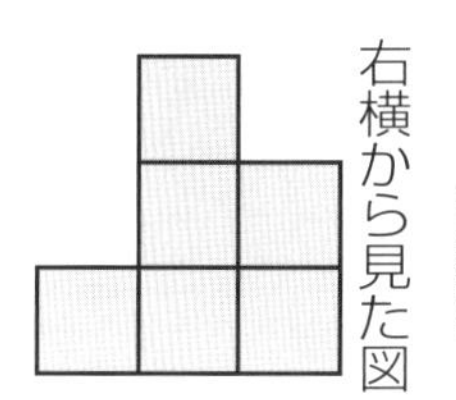

2 1辺が1cmの立方体を何個か積み重ねて，立体を作りました。図はその立体を上から，正面から，右側から見たところです。

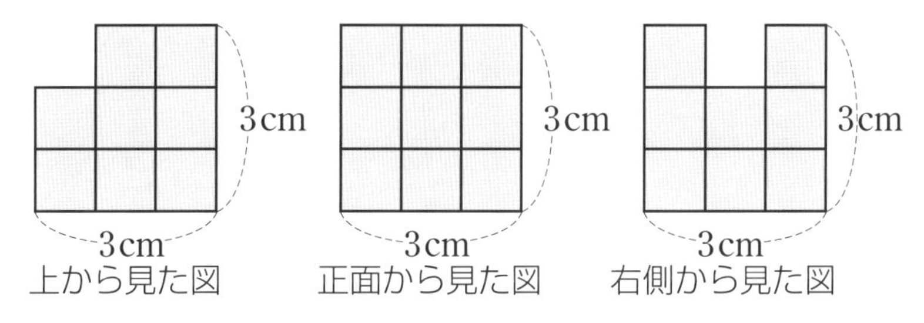

(1) 使った立方体の個数として考えられるもので，最も多い場合は何個ですか。

(2) 使った立方体の個数として考えられるもので，最も少ない場合は何個ですか。

解答➡別冊19ページ

1 右の図のように三角柱 ABC−DEF を 3 つの点 A, E, F を通る平面で 2 つに分けたところ，頂点(ちょうてん) C をふくむ方の立体の体積(たいせき)が 144cm³ になりました。CF の長さは何 cm ですか。

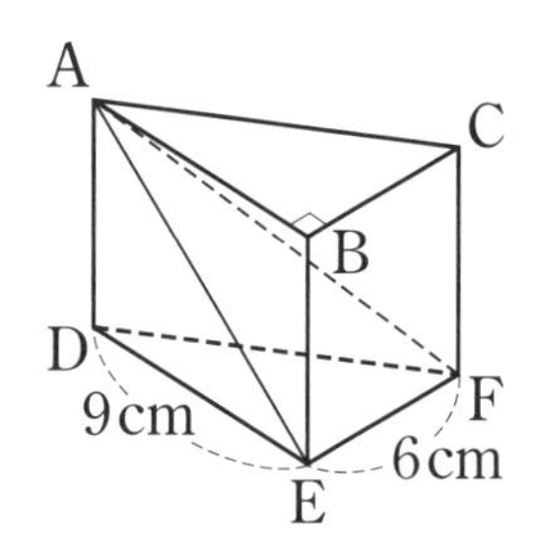

2 右の図は，底面(ていめん)の半径が 5cm，高さが 8cm の円柱から，円柱と同じ高さの正四角すいを切り取ったものです。残(のこ)った立体の体積は何 cm³ ですか。ただし，円周率(えんしゅうりつ)は 3.14 とします。

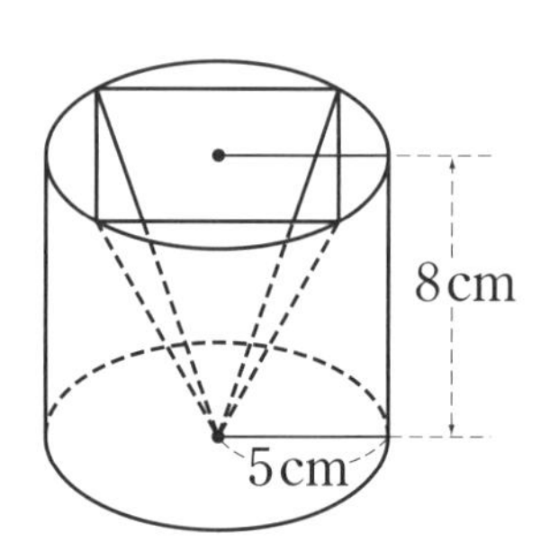

3 右の図のような展開図(てんかいず)を（しゃ線部分の直角三角形が底面となるように）組み立ててできる立体の体積を求(もと)めなさい。

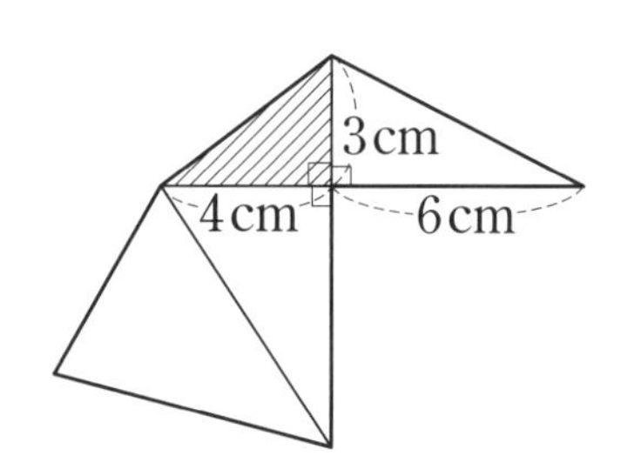

4 右の図のような円すいを，頂点と底面の円の中心を通る平面で切ると，切り口が1辺8cmの正三角形になりました。この円すいの表面積を求めなさい。ただし，円周率は3.14とします。

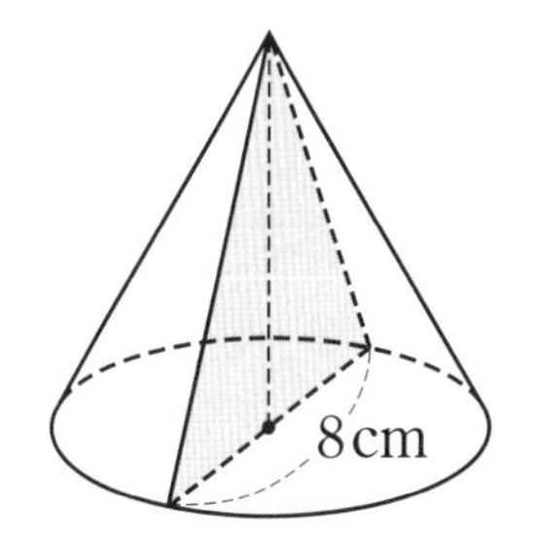

5 右の図で，直線ℓを軸として回転してできる2つの立体の表面積が等しくなるとき，xにあてはまる数を求めなさい。

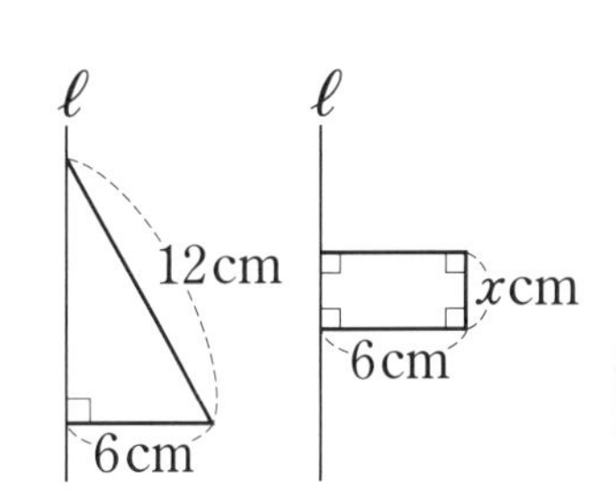

6 右の図の縦5cm，横2cmの長方形を直線ℓのまわりに1回転させて立体を作りました。このとき，次の問いに答えなさい。ただし，円周率は3.14とします。

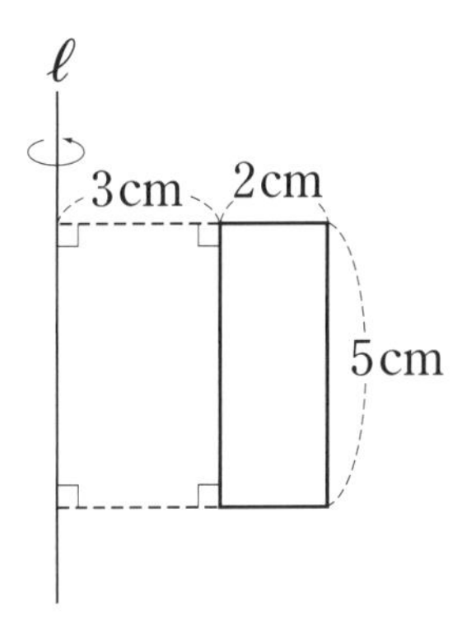

(1) この立体の体積は何cm^3ですか。

(2) この立体の表面積は何cm^2ですか。

7 右の図形で，㋐，㋑，㋒は1辺が3cmの正方形です。この図形を直線ℓを軸として1回転させてできる立体の体積を求めなさい。ただし，円周率は3.14とします。

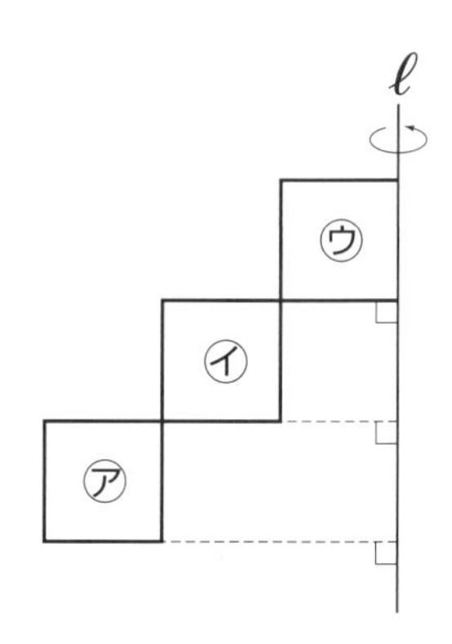

8 右のような図形を，直線ℓを軸として1回転させてできる立体の表面積を求めなさい。ただし，円周率は3.14とします。

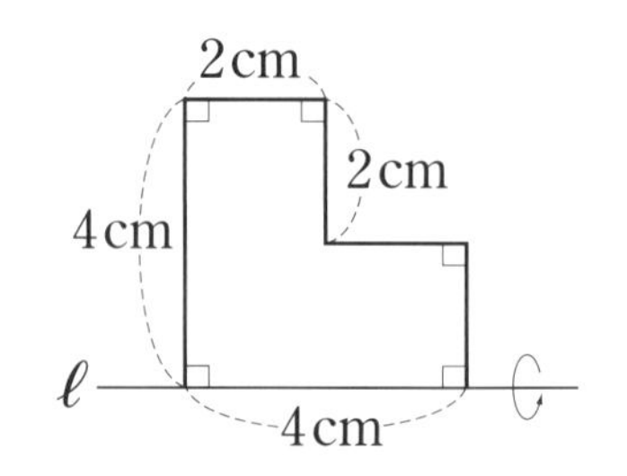

9 右の図は，ある立体を真上から見たときと，正面から見たときの図です。この立体の表面積は何 cm^2 ですか。ただし，円周率は3.14とします。

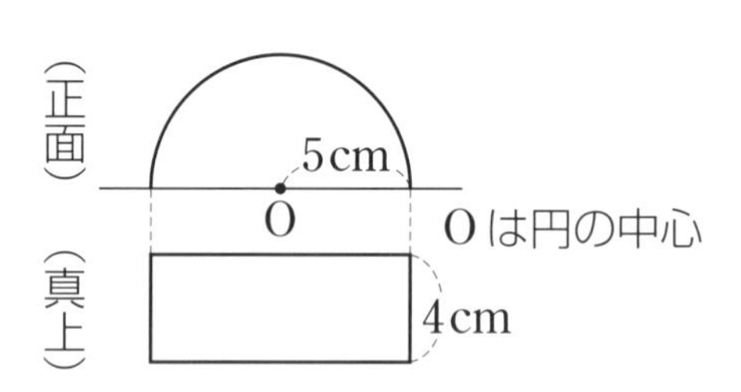

10 下の図1のように表される立体の見取図を図2を利用してかきなさい。また，この立体の体積を求めなさい。

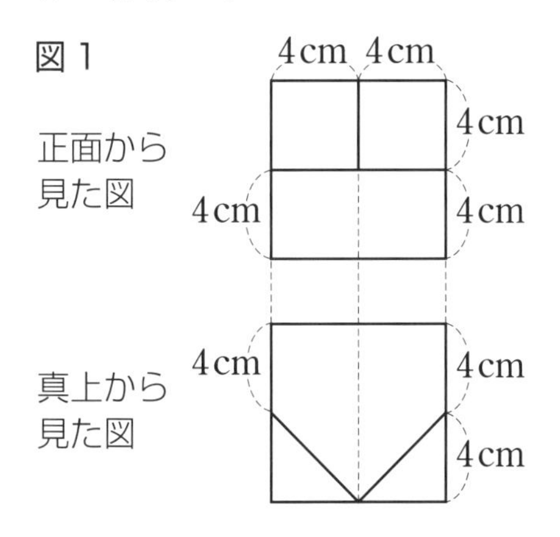

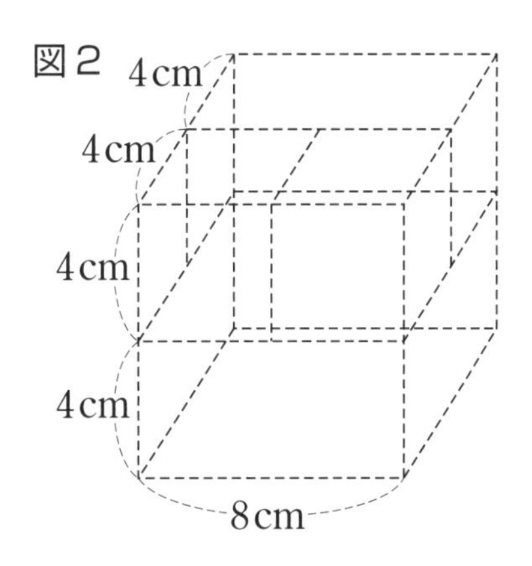

11 同じ大きさの立方体を積み重ねて立体を作ります。右の図は，この立体を正面と真上から見た図です。この立体を作るのに使われた立方体の個数は何個以上何個以下ですか。

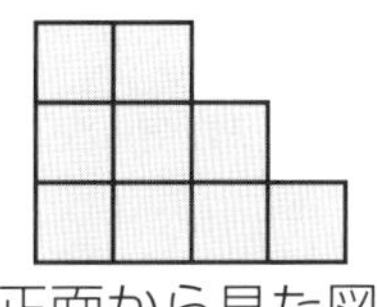
正面から見た図

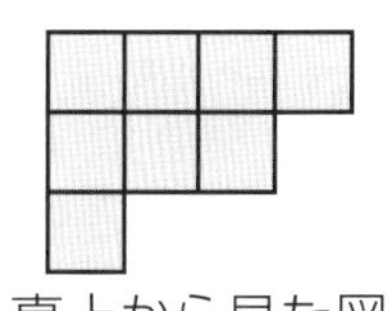
真上から見た図

12 1辺が2cmの立方体のブロックを使って，面と面をぴったりとくっつけて，ある立体を作りました。右の図は，この立体を正面，真横から見た図です。使った立方体の個数として考えられるもので，最も少ない場合は何個ですか。

正面
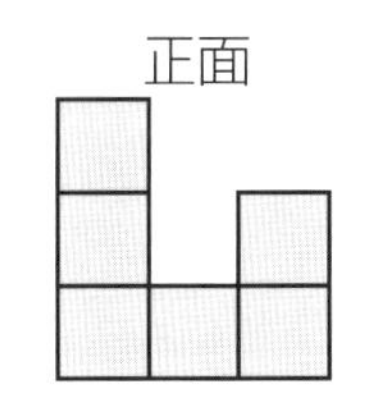

真横
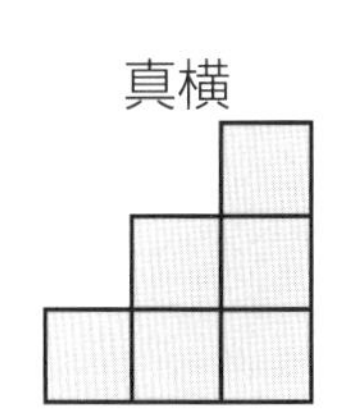

① 右の図のような立体があります。すべての面の面積(めんせき)の合計が 584cm^2 であるとき，この立体の体積を求(もと)めなさい。　（広島大附中）

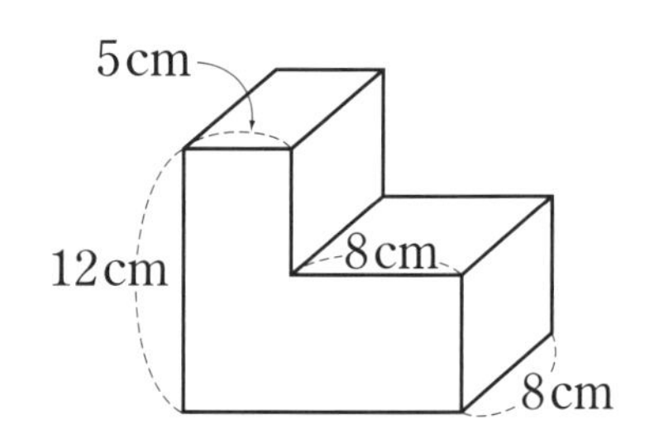

② 右の図の立体は，直方体から立方体を切り取った立体です。　（神奈川大附中）

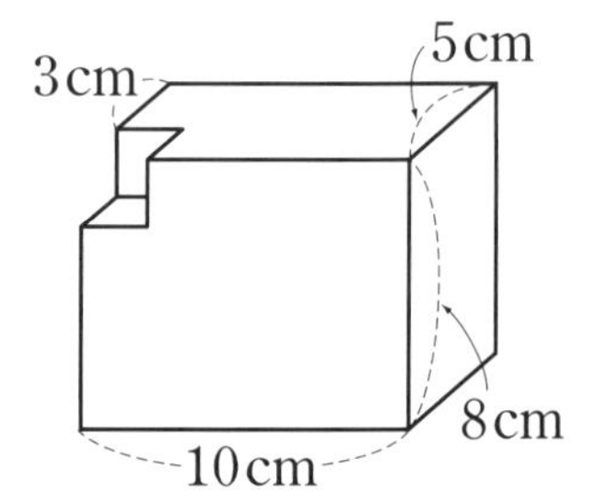

(1) この立体の表面の面積の和は何 cm^2 ですか。

(2) この立体の体積は何 cm^3 ですか。

③ 図の立体は，底面(ていめん)が正方形である直方体の上に，円柱の4分の1である立体を組み合わせたものです。次の問いに答えなさい。ただし，円周率(えんしゅうりつ)は3.14とします。

（東京・昭和女子大附昭和中）

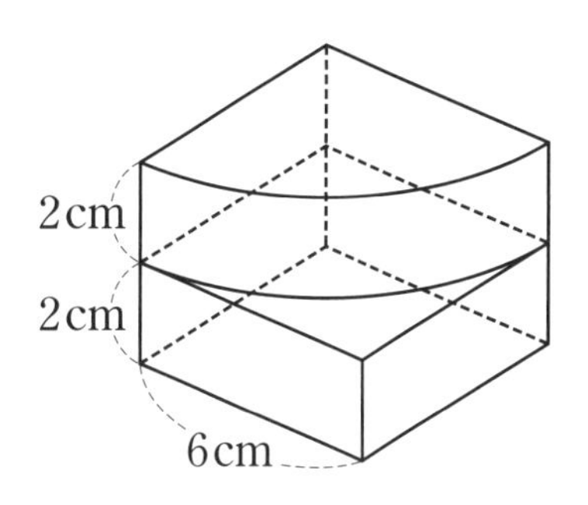

⑴ 体積は何 cm^3 ですか。

⑵ 表面積は何 cm^2 ですか。

④ 右の展開図(てんかいず)を組み立ててできる円柱の体積を求めなさい。ただし，円周率は3.14とする。

（東京・女子学院中）

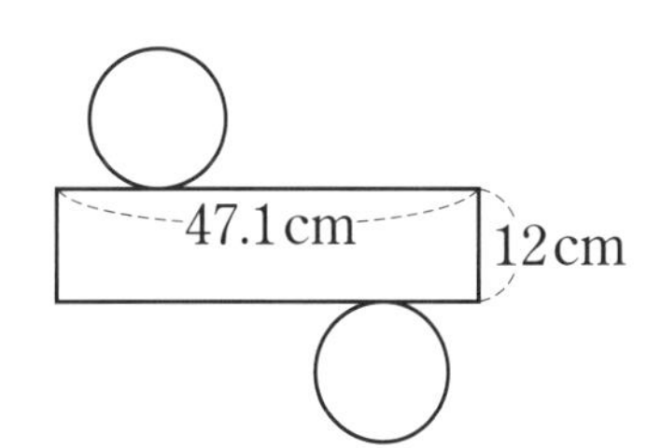

⑤ 展開図が図のような長方形とおうぎ形の立体の体積を求めなさい。ただし，円周率は3.14とします。　（東京・田園調布学園中等部）

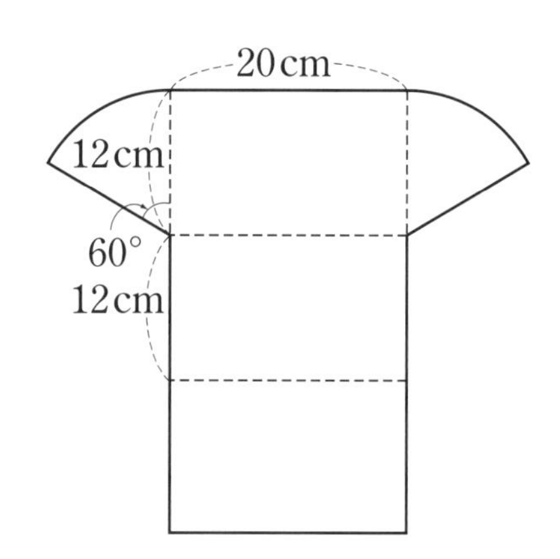

⑥ 体積が$1cm^3$の立方体をいくつか使って，右の図のような縦3cm，横9cm，高さ5cmの直方体を作ります。この直方体の表面に色をぬり，ばらばらにしてまたもとのいくつかの立方体にしておきます。このとき，次の問いに答えなさい。　（兵庫・滝川中）

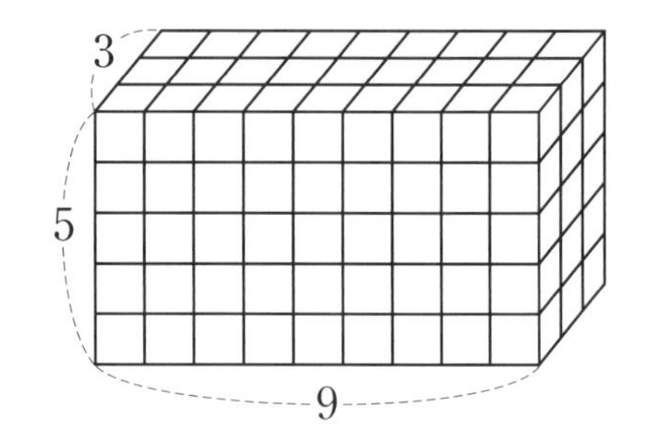

(1) 立方体はいくつ必要ですか。

(2) ばらばらにした立方体には，色が1面，2面，3面にぬられたものと，どの面にも色のぬられていないものの，4種類の立方体ができあがります。この4種類のそれぞれの個数を求めなさい。

⑦ 右の図は，底面の半径が 4cm，高さが 5cm の円柱を 4 等分にした容器で，中には水が入っています。このとき，次の問いに答えなさい。ただし，円周率は 3.14 とします。　（東京・明治大付中野八王子中）

(1) 水の体積を求めなさい。

(2) おうぎ形の面を下にしたとき，水の深さは何 cm になりますか。ただし，小数第 2 位を四捨五入して答えなさい。

⑧ 図1 のような直方体の容器に水が入っています。この中に図2 の直方体を底面に垂直に立てると，水面が 3cm 上がりました。図2 の直方体の底面は正方形です。1 辺の長さは何 cm ですか。　（神奈川・日本女子大附中）

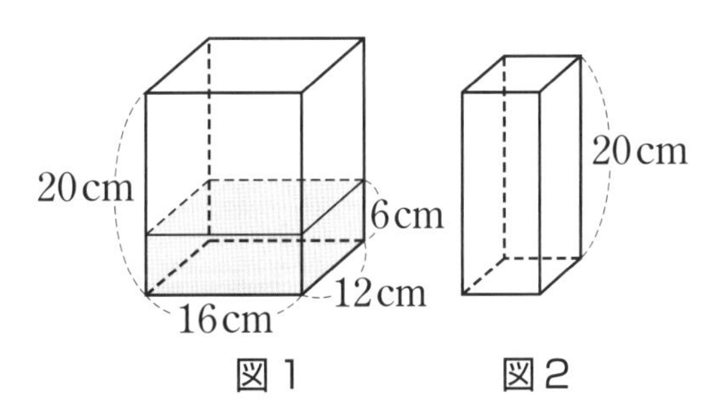

図1　図2

⑨ 図1のように，縦12cm，横15cm，高さ15cmの直方体の容器に10cmの高さまで水が入っています。この容器に図2のような底面が1辺6cmの正方形で高さが20cmの四角柱を，底につくまでまっすぐに入れます。　（獨協埼玉中）

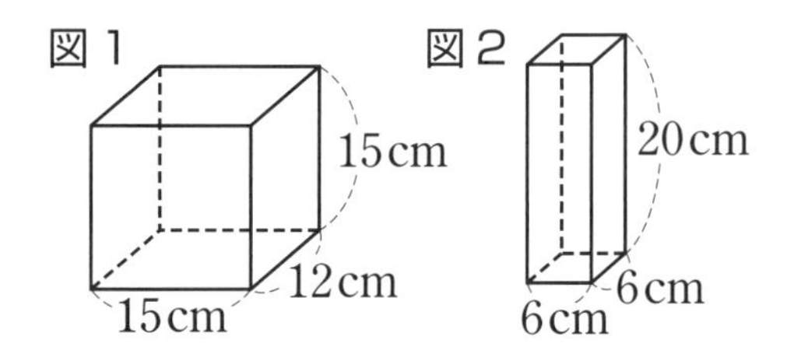

(1) 容器の水の高さは何cmになりますか。

(2) (1)の後，さらに図2と同じ四角柱をもう1本，容器の底につくまでまっすぐに入れると，水は何cm^3あふれますか。

(3) (2)の後，さらに四角柱を2本ぬいたとき，水の高さは何cmですか。

⑩ 右の図のように，三角柱ABC−DEFを，3つの点C, D, Eを通る平面で2つに分けたところ，頂点Aをふくむ方の立体の体積が140cm^3になりました。このとき，もとの三角柱の高さは何cmですか。　（神奈川・日本大藤沢中）

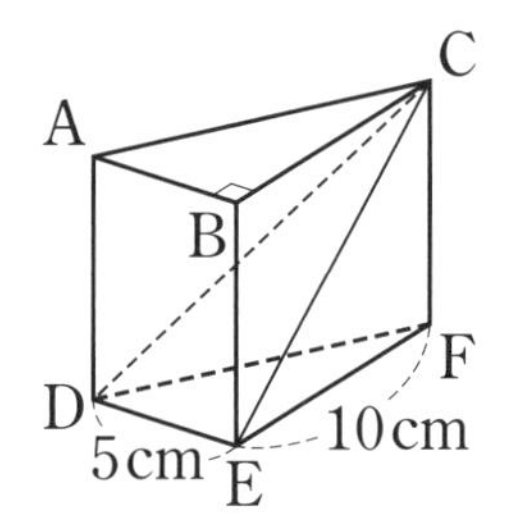

⑪ 右の図で，直線 ℓ を中心に１回転させたときにできる立体の体積は，□ cm^3 です。□にあてはまる数を求めなさい。
ただし，四角形 ABCD は，正方形です。また，円周率は 3.14 とします。

（神奈川・横浜富士見丘学園中等教育学校）

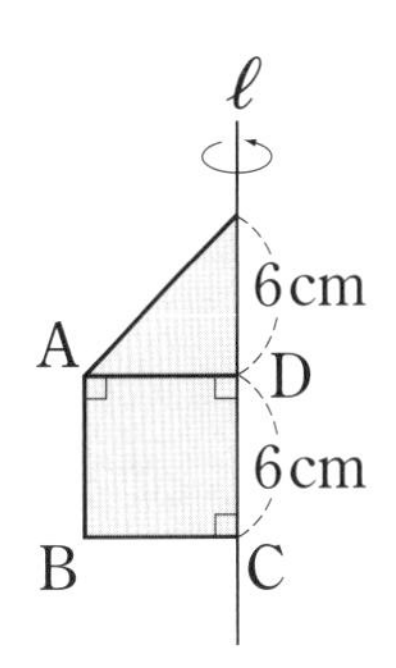

⑫ 図はある立体を正面から見たものと，真上から見たものです。この立体の体積を求めなさい。

（東京・日本大豊山中）

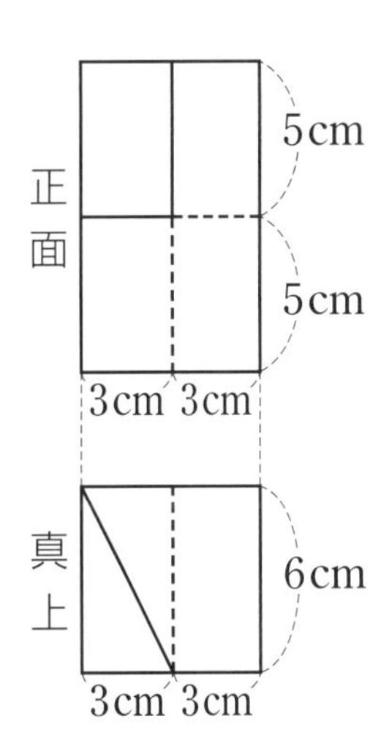

13日目
入試問題にチャレンジ①

① 1辺の長さが10cmの立方体があります。右の図のように，立方体の正面から反対側の面までまっすぐに円柱をくりぬきました。このとき，次の問いに答えなさい。ただし，円柱の底面の半径は3cm，円周率は3.14とします。

（東京・法政大中）

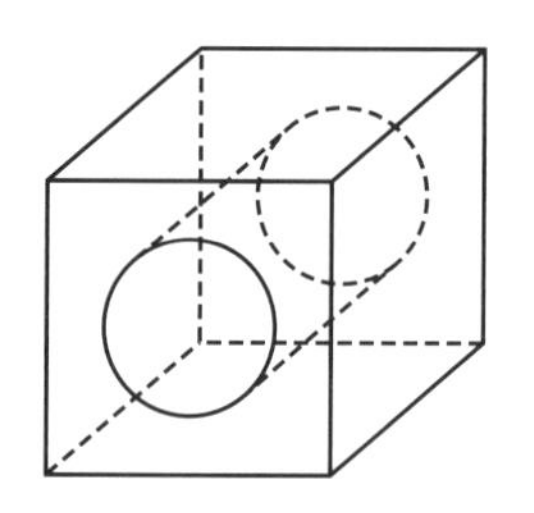

(1) この立体の体積は何 cm^3 ですか。

(2) この立体の表面積は何 cm^2 ですか。

② 図のように1辺10cmの立方体から底面が1辺7cmの正方形，高さ□cmの直方体をくりぬいてできる立体の表面積は754 cm^2 です。□にあてはまる数を求めなさい。

（兵庫・須磨学園中）

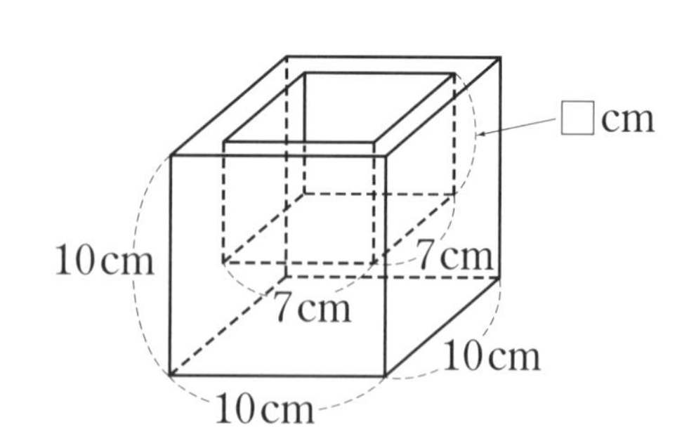

③ 右の図は，どの辺も直角に交わっている立体で，同じ印（しるし）○と△のついている辺の長さはそれぞれ等しいです。

（兵庫・神戸女学院中学部）

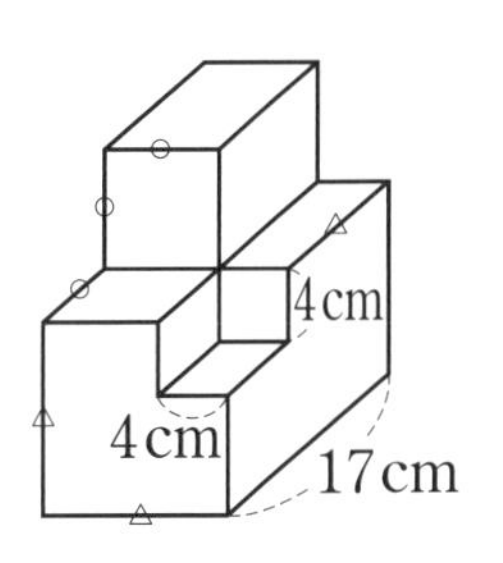

(1) ○と△の長さをそれぞれ求めなさい。

(2) この立体の表面積を求めなさい。

(3) この立体の体積を求めなさい。

④ 右の図のように，ふたをした立方体の容器（ようき）に水が入っています。立方体の6つの面のうち，「水にふれている部分」を展開図（てんかいず）ア，イのそれぞれの場合についてしゃ線で示しなさい。

（東京・普連土学園中）

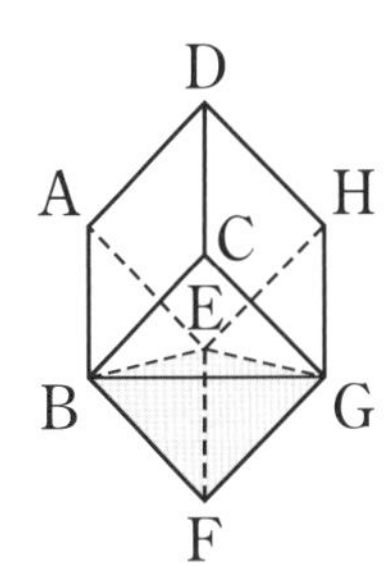

ア

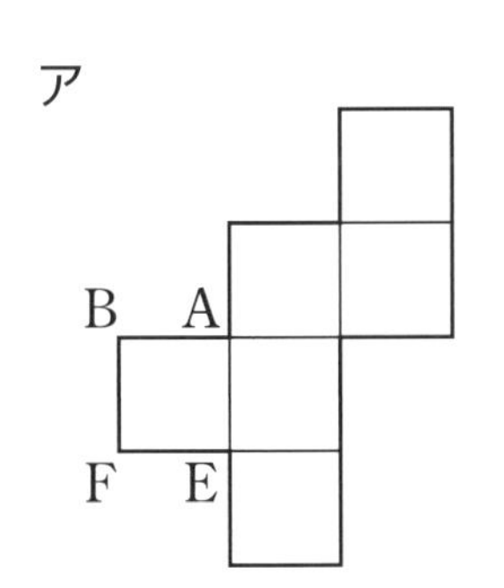

イ

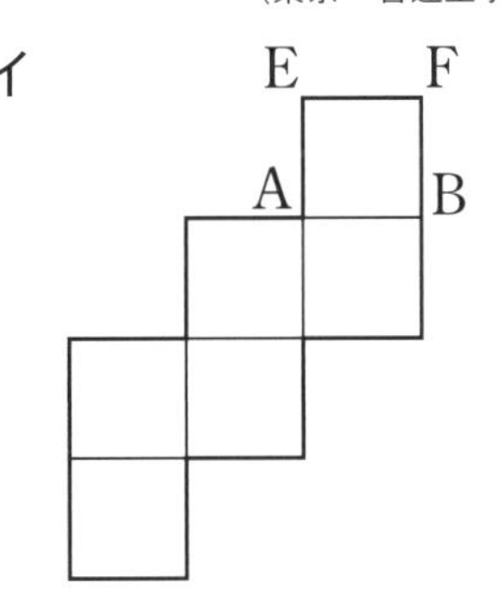

14日目

入試問題にチャレンジ②

5 右の図はある立体の展開図です。この展開図を組み立ててできる立体の体積は□ cm^3 です。□にあてはまる数を求めなさい。

（東京・世田谷学園中）

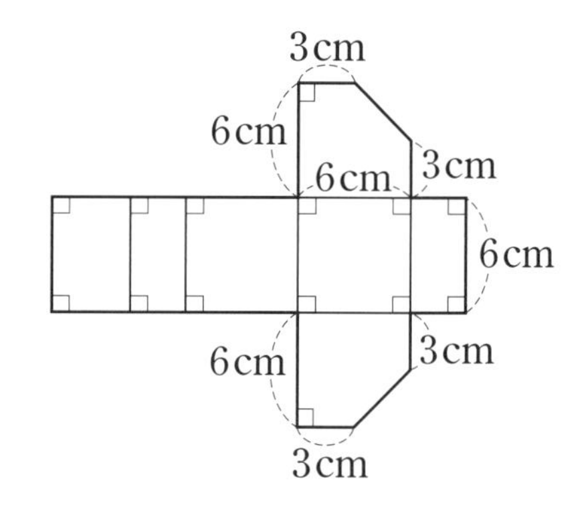

6 同じ大きさの立方体23個を図のように積み上げ，床についている面をのぞいた表面をすべて緑色のペンキでぬりました。次の立方体はそれぞれいくつありますか。（東京・女子学院中）

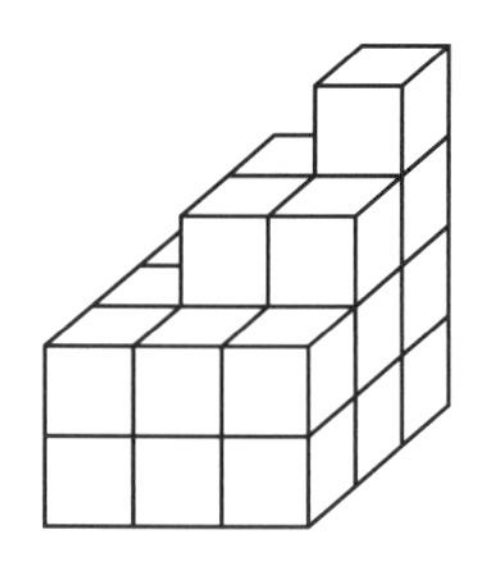

(1) 3つの面が緑色でぬられている立方体は□個

(2) 2つの面が緑色でぬられている立方体は□個

(3) 1つの面が緑色でぬられている立方体は□個

(4) どの面も緑色でぬられていない立方体は□個

⑦ 図1のような AB=8cm, BC=10cm, AE=20cm の直方体の容器が机の上に置かれていて，中には高さ 6cm まで水が入っています。（東京・城北中）

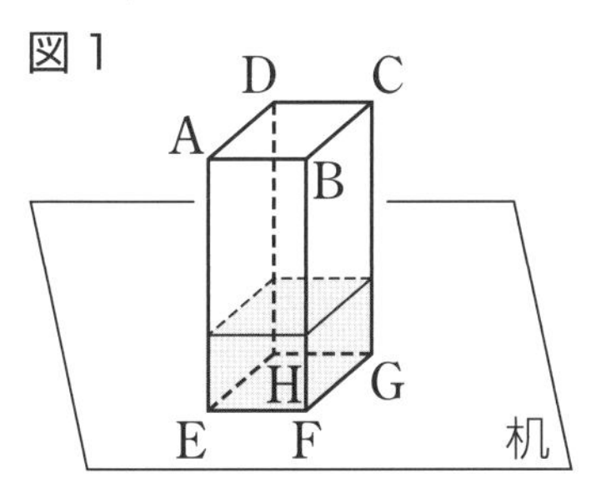

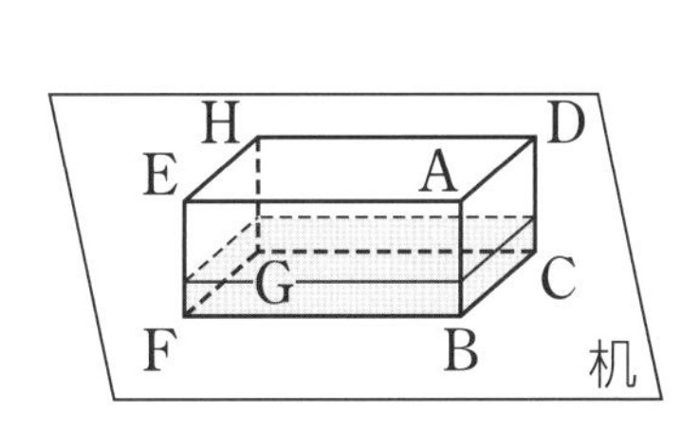

(1) 図2のように面 BCGF が机に接するように置いたとき，水の高さは何 cm ですか。

次に，図3のように辺 EH だけが机に接するように，容器を 45° かたむけます。

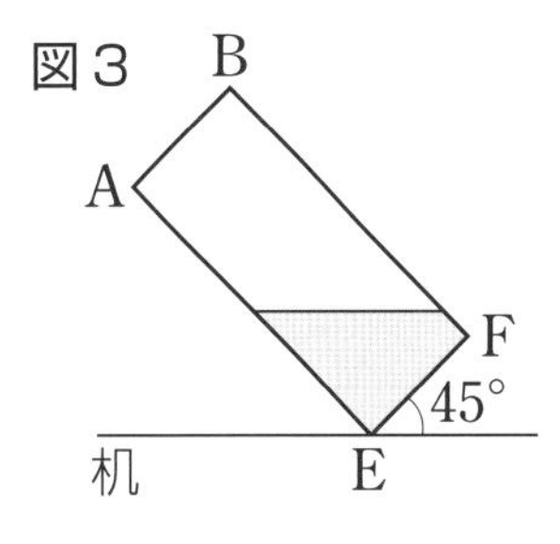

(2) このとき，面 AEHD が水にふれている部分の面積は何 cm^2 ですか。

⑧ 右の図のような，上から 5cm のところに点線の印がついた直方体の形をした水そうがあり，深さ 21cm まで水が入っています。次の問いに答えなさい。

（東京・共立女子中）

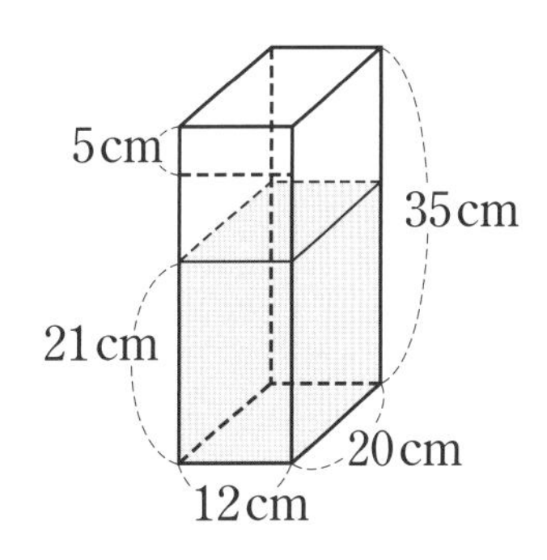

(1) 1辺が 2cm の立方体のおもりを，おもりが水面から出ないように，1つずつ入れていきます。水面が印のところにくるのは，何個目のおもりを入れたときですか。

(2) 底面が，縦 1cm，横 3cm の長方形で高さが 36cm の直方体のおもりを，底面が水そうの底にぴったりとつくように，1つずつ入れていきます。水面が印のところにくるのは，何個目のおもりを入れたときですか。

⑨ 右の図は高さが4cm，母線の長さが5cm，底面の半径が3cmの円すいです。点Aは円すいの頂点，点Oは底面の円の中心です。

（東京・品川女子学院中等部）

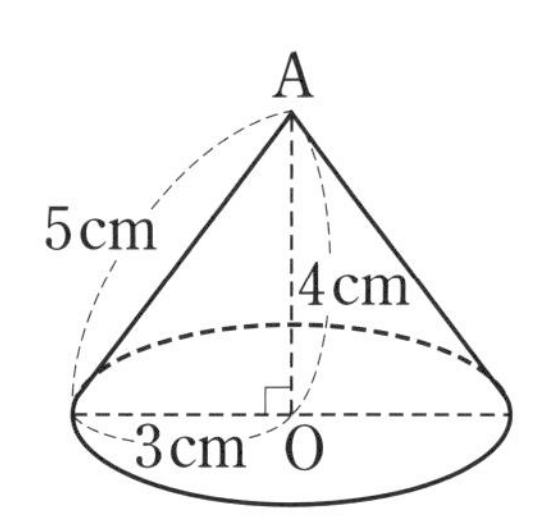

(1) この円すいの展開図のおうぎ形の中心角は何度ですか。

(2) 円すいを2つの点A，Oを通るような平面で切り，体積を半分にした立体のうちの一方の表面積は何cm^2ですか。ただし，円周率は3.14とします。

⑩ 直線ℓを軸として，右の図形を1回転させてできる立体の表面積を求めなさい。ただし，円周率は3.14とします。

（東京・早稲田実業中等部）

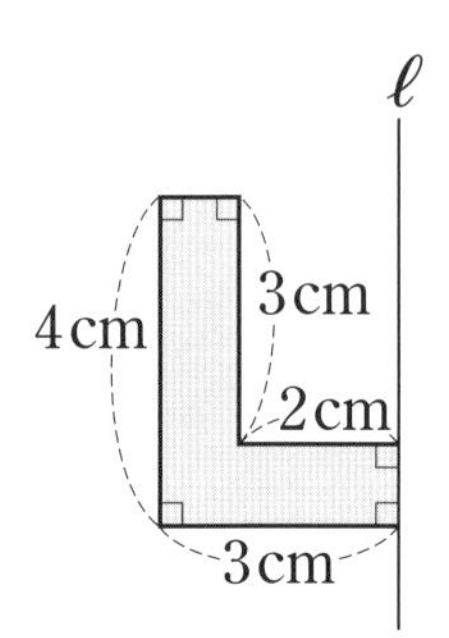

⑪ 右の図のように，直角三角形ABCと直角三角形ADEは直角の部分がぴったり重なっています。次の問いに答えなさい。ただし，円周率は3.14とし，円すいの体積は，(底面積)×(高さ)÷3で求めます。 (埼玉・大妻嵐山中)

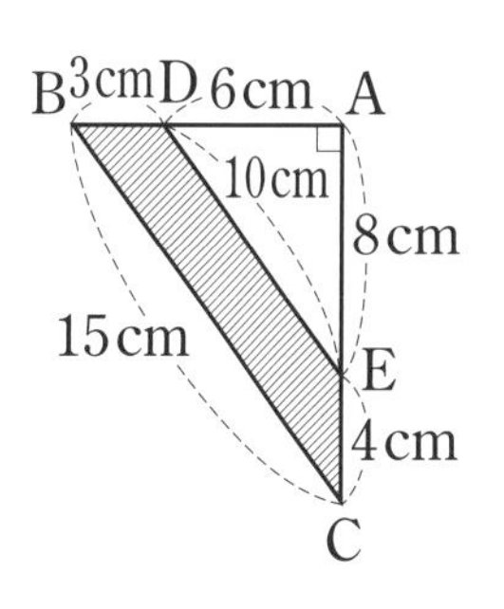

(1) 図のしゃ線部分の面積は何cm^2ですか。

(2) しゃ線部分の図形を，辺(へん)ECのまわりに1回転させてできる立体について

①この立体の体積は何cm^3ですか。

②この立体の表面積は何cm^2ですか。

⑫ 1辺の長さが5cmの立方体の積(つ)み木を何個(こ)か積んで立体を作りました。この立体は，前から見ても左から見ても図1のように見え，真上から見ると図2のように見えました。この立体に使われた積み木の個数は最(もっと)も少なくて ① 個，最も多くて ② 個です。①，② にあてはまる数を求めなさい。 (兵庫・灘中)

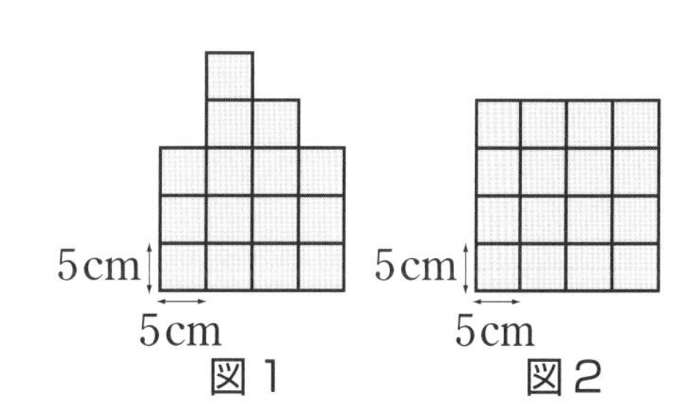

14日目
入試問題にチャレンジ②

③

● 著者紹介

粟根 秀史（あわね ひでし）

　教育研究グループ「エデュケーションフロンティア」代表。森上教育研究所客員研究員。大学在学中より塾講師を始め，35年以上に亘り中学受験の算数を指導。SAPIX小学部教室長，私立さとえ学園小学校教頭を経て，現在は算数教育の研究に専念する傍ら，教材開発やセミナー・講演を行っている。また，独自の指導法によって数多くの「算数大好き少年・少女」を育て，「算数オリンピック金メダリスト」をはじめとする「算数オリンピックファイナリスト」や灘中，開成中，桜蔭中合格者等を輩出している。『中学入試 最高水準問題集 算数』『速ワザ算数シリーズ』（いずれも文英堂）等著作多数。

□ 編集協力　山口雄哉（私立さとえ学園小学校教諭）

□ 図版作成　㈲デザインスタジオ エキス.

シグマベスト
中学入試　分野別集中レッスン
算数　立体図形

著　者　粟根秀史
発行者　益井英郎
印刷所　NISSHA株式会社
発行所　株式会社文英堂
〒601-8121　京都市南区上鳥羽大物町28
〒162-0832　東京都新宿区岩戸町17
(代表)03-3269-4231

●落丁・乱丁はおとりかえします。

中学入試

分野別

集中レッスン

解答・解説

文英堂

1日目 柱体の体積・表面積

練習問題 1-❶ の答え

問題➡本冊5ページ

1 (1) 4710cm^3 (2) 1699cm^2

2 220cm^3

解き方

1 (1) 底面積は

$$\underline{15\times15\times3.14\times\frac{120}{360}}=75\times3.14(\text{cm}^2)$$

↑おうぎ形の面積 $=$半径×半径×円周率×$\frac{中心角}{360}$

よって体積は

$75\times3.14\times20=1500\times3.14=\mathbf{4710(cm^3)}$

(2) 底面のまわりの長さは

$$\underline{15\times2\times3.14\times\frac{120}{360}}+15\times2=61.4(\text{cm})$$

↑おうぎ形の弧の長さ＝半径×2×円周率×$\frac{中心角}{360}$

より，側面積は

$\underline{61.4\times20}=1228(\text{cm}^2)$

↑底面のまわり×高さ

底面積は(1)より $75\times3.14(\text{cm}^2)$ ですから，表面積は

$75\times3.14\times2+1228=\mathbf{1699(cm^2)}$

2 右の図で色がついた面を底面として考えます。

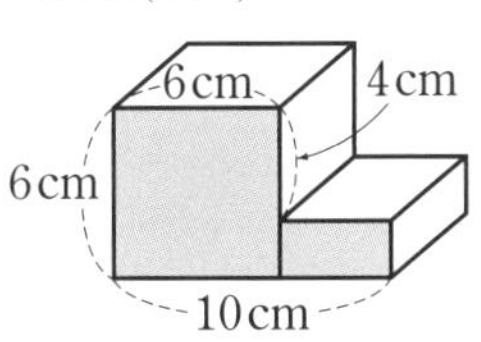

底面積は

$6\times6+(6-4)\times(10-6)$

$=44(\text{cm}^2)$

より，側面積は

$248-44\times2=160(\text{cm}^2)$

底面のまわりの長さは

$(6+10)\times2=32(\text{cm})$

より，高さは

$160\div32=5(\text{cm})$

したがって，求める体積は

$\underline{44\times5}=\mathbf{220(cm^3)}$

↑底面積×高さ

練習問題 1-❷ の答え

問題➡本冊7ページ

1 (1) 112cm^3 (2) 168cm^2 **2** 1369.04cm^2

解き方

1 面 AEFB を底面として考えます。

(1) 底面積は $5\times6-1\times2=28(\text{cm}^2)$

より，体積は $28\times4=\mathbf{112(cm^3)}$

(2) 外側の側面積は

$\underline{(5+6)\times2\times4}=88(\text{cm}^2)$

↑底面のまわり×高さ

内側の側面積は

$\underline{(1+2)\times2\times4}=24(\text{cm}^2)$

↑底面のまわり×高さ

よって，表面積は

$28\times2+88+24=\mathbf{168(cm^2)}$

2 この立体の底面積は

$10\times10\times3.14-1\times1\times3.14\times2$

$=98\times3.14(\text{cm}^2)$

外側の側面積は

$\underline{20\times3.14\times10}=200\times3.14(\text{cm}^2)$

↑底面のまわり×高さ

内側の側面積は

$\underline{2\times3.14\times10}\times2=40\times3.14(\text{cm}^2)$

↑底面のまわり×高さ

よって表面積は

$98\times3.14\times2+200\times3.14+40\times3.14$

$=436\times3.14$

$=\mathbf{1369.04(cm^2)}$

練習問題 2-❶ の答え

問題➡本冊9ページ

1 (1) 576cm³ (2) 518cm²

2 (1) 1310cm³ (2) 800cm²

解き方

1 (1) もとの直方体の体積は

$9 \times 11 \times 8 = 792(cm^3)$

切り取った立方体の体積は

$6 \times 6 \times 6 = 216(cm^3)$

よって，この立体の体積は

$792 - 216 = \mathbf{576(cm^3)}$

(2) 上から見える面積は

$9 \times 11 = 99(cm^2)$

右から見える面積は

$8 \times 9 = 72(cm^2)$

前から見える面積は

$8 \times 11 = 88(cm^2)$

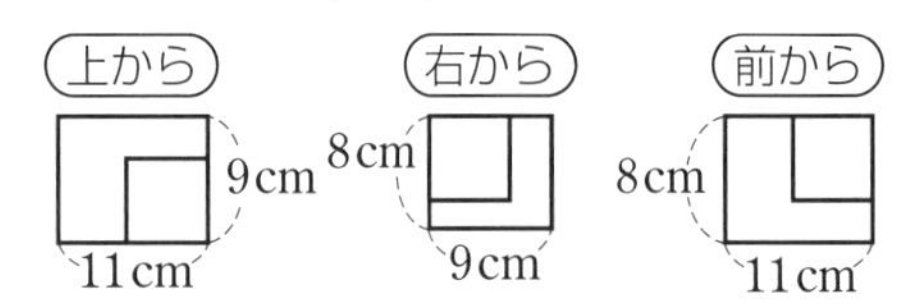

したがって，この立体の表面積は

$(99 + 72 + 88) \times 2 = \mathbf{518(cm^2)}$

↑3方向から見える面積の和

2 (1) 下の図のように，3つの直方体に分けて考えます。

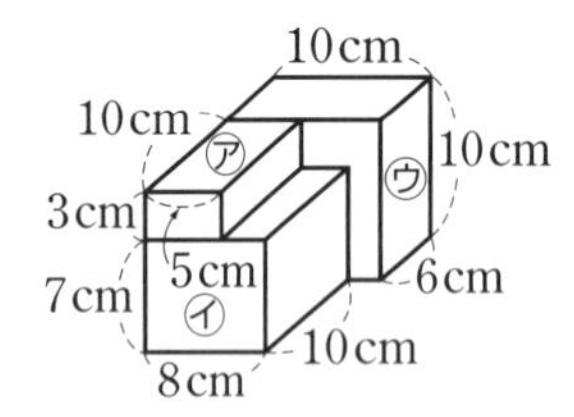

㋐の直方体の体積は

$10 \times 5 \times 3 = 150(cm^3)$

㋑の直方体の体積は

$10 \times 8 \times 7 = 560(cm^3)$

㋒の直方体の体積は

$6 \times 10 \times 10 = 600(cm^3)$

したがって，この立体の体積は

$150 + 560 + 600 = \mathbf{1310(cm^3)}$

(2) 上から見える面積は

$6 \times 10 + 10 \times 8 = 140(cm^2)$

右から見える面積は

$10 \times 16 = 160(cm^2)$

前から見える面積は

$10 \times 10 = 100(cm^2)$

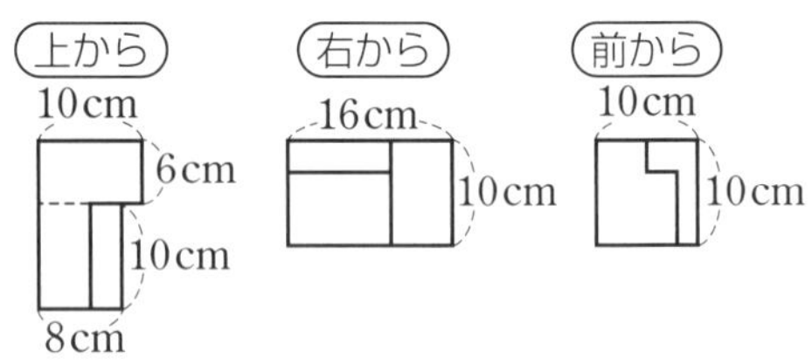

したがって，この立体の表面積は

$(140 + 160 + 100) \times 2 = \mathbf{800(cm^2)}$

↑3方向から見える面積の和

練習問題 2-❷ の答え

問題➡本冊11ページ

[1] $216cm^2$　　[2] $51.96cm^2$

[1] この立体を真上，真下から見ると，どちらも縦7cm，横8cmの長方形になりますから，底面積の和は

$7\times8\times2=112(cm^2)$

上の三角柱の側面積は

$(8+7+7)\times(4-2)=44(cm^2)$

下の四角柱の側面積は

$(7+8)\times2\times2=60(cm^2)$

したがって，求める表面積は

$112+44+60=\mathbf{216}(\mathbf{cm^2})$

[2] この立体を真上，真下から見ると，どちらも半径4cm，中心角90°のおうぎ形になりますから，底面積の和は

$4\times4\times3.14\times\frac{1}{4}\times2=25.12(cm^2)$

上の立体の側面積は

$1\times2\times3.14\times2=12.56(cm^2)$

下の立体の側面積は

$\left(4\times2\times3.14\times\frac{1}{4}+4\times2\right)\times1=14.28(cm^2)$

したがって，求める表面積は

$25.12+12.56+14.28=\mathbf{51.96}(\mathbf{cm^2})$

3日目 展開図と見取図

練習問題 3-❶ の答え

問題➡本冊13ページ

1

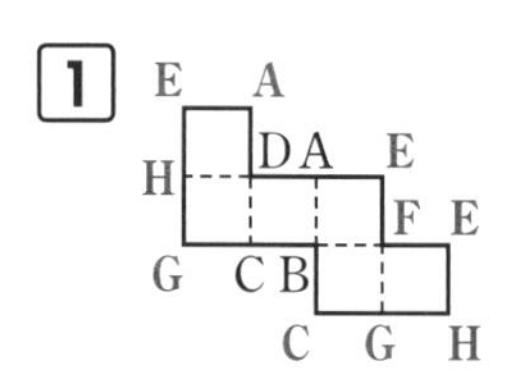

2

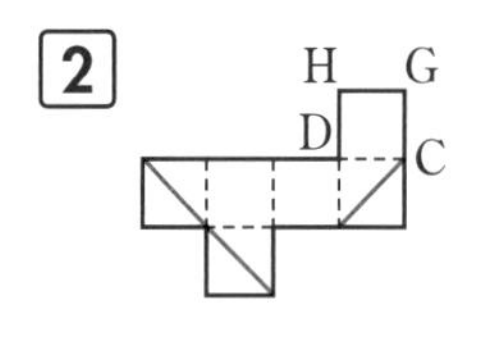

解き方

1 対角打ちを利用して，次の①～④の手順で各頂点に記号を記入していきます。

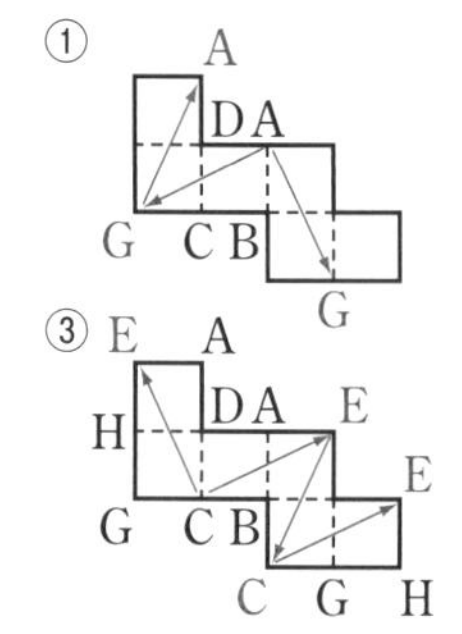

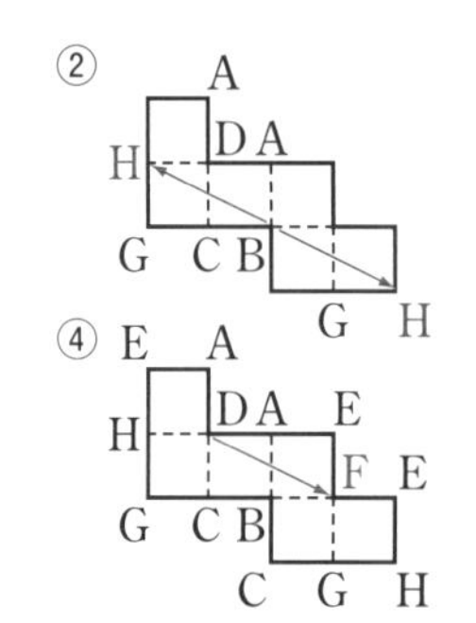

2 **1**と同様にして，各頂点に記号を記入したあと，AC，AF，CF を結びます。

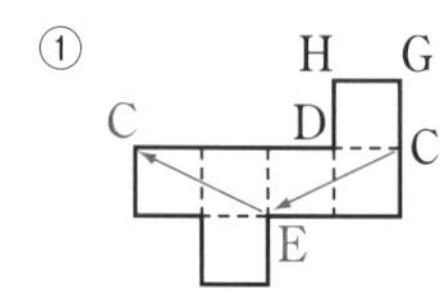

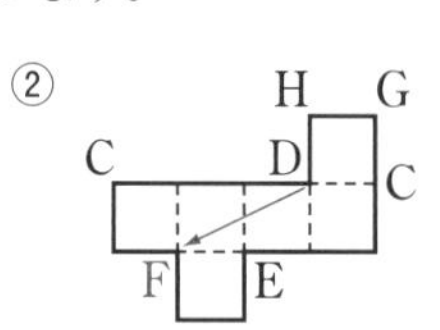

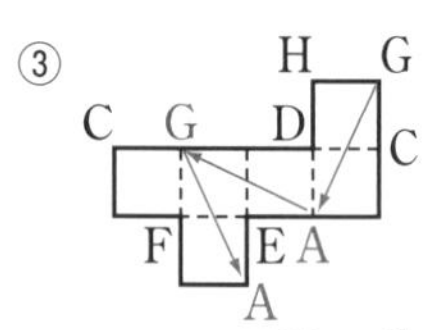

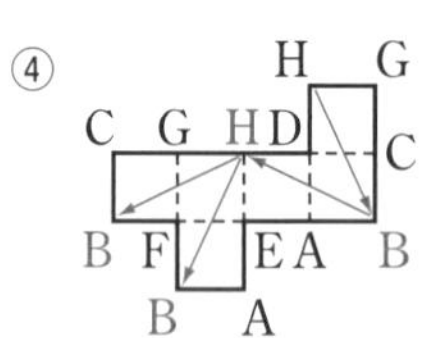

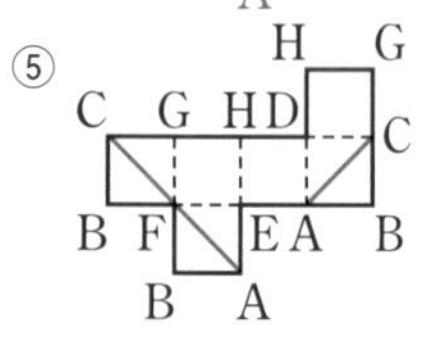

練習問題 3-❷ の答え

問題➡本冊15ページ

1 $546cm^3$　　**2** $37.68cm^3$

解き方

1 展開図を組み立てると，右の図のような四角柱になりますから，求める体積は

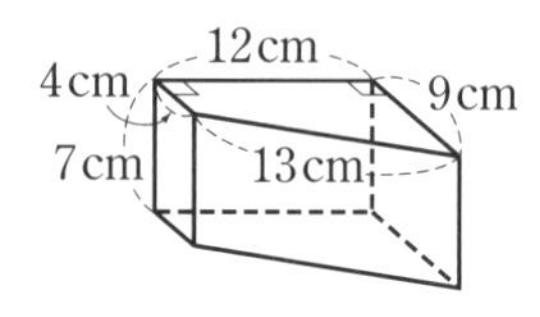

$(4+9)\times12\div2\times7=$ **546**(cm^3)

2 展開図を組み立てると，右の図のような円柱になります。底面の円周が12.56cmですから，半径は

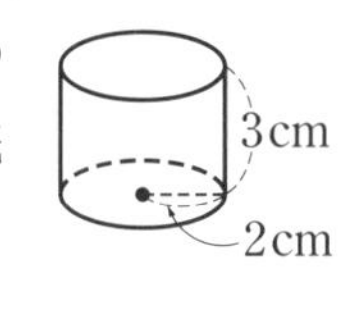

$12.56\div3.14\div2=2(cm)$

よって，求める体積は

$2\times2\times3.14\times3=12\times3.14=$ **37.68**(cm^3)

4日目 1日目～3日目の復習

問題➡本冊16ページ

1 (1) **576cm³** (2) **456cm²**

2 (1) **1620cm³** (2) **954cm²**

3 (1) **357cm³** (2) **410cm²**

4 **14.5cm**

5 (1) **576cm³** (2) **448cm²**

6 (1) **5088cm³** (2) **5320cm²**

7 (1) **805cm³** (2) **688cm²**

8 **957cm²**

9

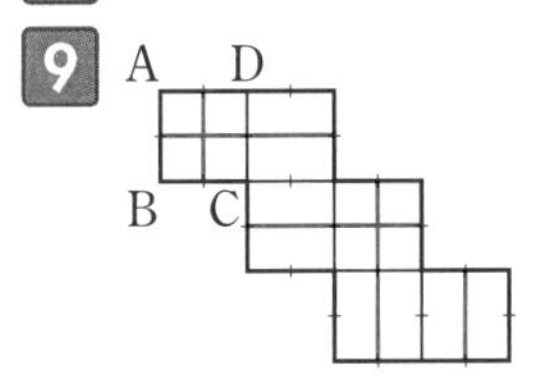

10

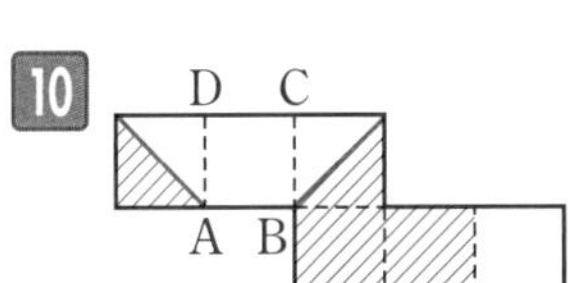

11 (1) **1177.5cm³** (2) **628cm²**

12 **288cm³**

解き方

1 (1) 右の図の色がついた面を底面として考えます。

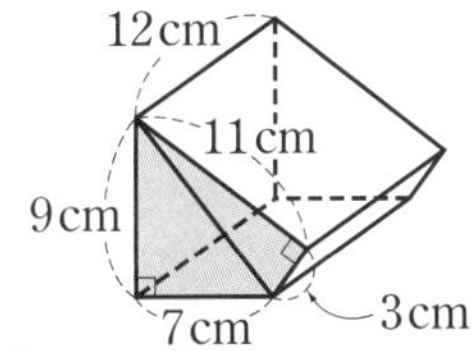

底面積は

$7\times9\div2+11\times3\div2$

$=48(\mathrm{cm}^2)$

より，体積は

$48\times12=\mathbf{576}(\mathbf{cm}^3)$

(2) 側面積は

$\underline{(9+7+3+11)\times12}=360(\mathrm{cm}^2)$

↑底面のまわり×高さ

より，表面積は

$48\times2+360=\mathbf{456}(\mathbf{cm}^2)$

2 (1) 下の図の色がついた面を底面として考えます。

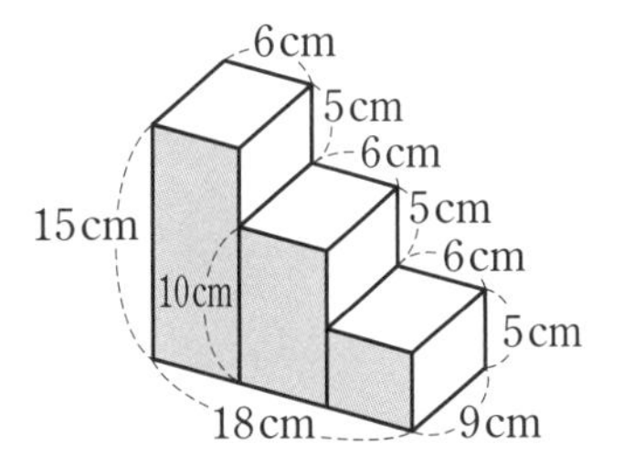

底面積は

$15\times6+10\times6+5\times6=180(\mathrm{cm}^2)$

より，体積は

$180\times9=\mathbf{1620}(\mathbf{cm}^3)$

(2) 底面のまわりの長さは，縦15cm，横18cmの長方形のまわりの長さに等しいですから

$(15+18)\times2=66(\mathrm{cm})$

よって，側面積は $\underline{66\times9}=594(\mathrm{cm}^2)$

↑底面のまわり×高さ

より，表面積は

$180\times2+594=\mathbf{954}(\mathbf{cm}^2)$

3 (1) 右の図の色がついた面を底面として考えます。

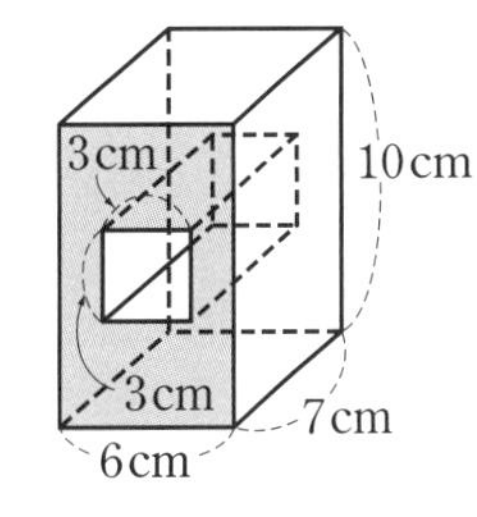

底面積は

$10\times6-3\times3$

$=51(\mathrm{cm}^2)$

より，体積は

$51\times7=\mathbf{357}(\mathbf{cm}^3)$

(2) 外側の側面積は

$\underline{(10+6)\times2\times7}=224(\mathrm{cm}^2)$

↑底面のまわり×高さ

内側の側面積は

$\underline{3\times4\times7}=84(\mathrm{cm}^2)$

↑底面のまわり×高さ

よって，表面積は

$51\times2+224+84=\mathbf{410}(\mathbf{cm}^2)$

4 穴を1個あけると，表面積は

$471 \div 3 = 157(\text{cm}^2)$

増えます。

また，穴を1個あけると，底面積は

$2 \times 2 \times 3.14 \times 2 = 25.12(\text{cm}^2)$

減ります。

よって，この穴(円柱)の側面積は

$157 + 25.12 = 182.12(\text{cm}^2)$

ですから，この直方体の高さ(＝円柱の高さ)は

$182.12 \div (2 \times 2 \times 3.14) = \mathbf{14.5(cm)}$

5 (1) $10 \times 8 \times 8 - 4 \times 4 \times 4 = \mathbf{576(cm^3)}$

(2) $(10 \times 8 + 8 \times 10 + 8 \times 8) \times 2 = \mathbf{448(cm^2)}$

↑3方向から見える面積の和

6 (1) 全体の直方体の体積から，内側の直方体の体積をひいて求めます。

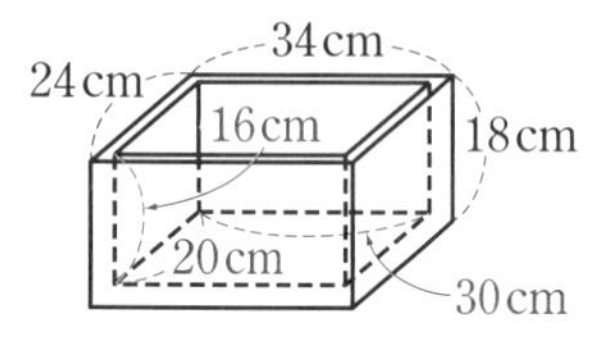

内側の直方体の縦，横，高さはそれぞれ

$24 - 2 \times 2 = 20(\text{cm})$

$34 - 2 \times 2 = 30(\text{cm})$

$18 - 2 = 16(\text{cm})$

になりますから，求める体積は

$24 \times 34 \times 18 - 20 \times 30 \times 16$

$= 14688 - 9600 = \mathbf{5088(cm^3)}$

(2) この立体を真上，真下から見ると，どちらも縦24cm，横34cmの長方形になりますから，底面積の和は

$24 \times 34 \times 2 = 1632(\text{cm}^2)$

外側の側面積は

$(24 + 34) \times 2 \times 18 = 2088(\text{cm}^2)$

内側の側面積は

$(20 + 30) \times 2 \times 16 = 1600(\text{cm}^2)$

したがって，求める表面積は

$1632 + 2088 + 1600 = \mathbf{5320(cm^2)}$

7 (1) 下の図のように，3つの直方体に分けて考えます。

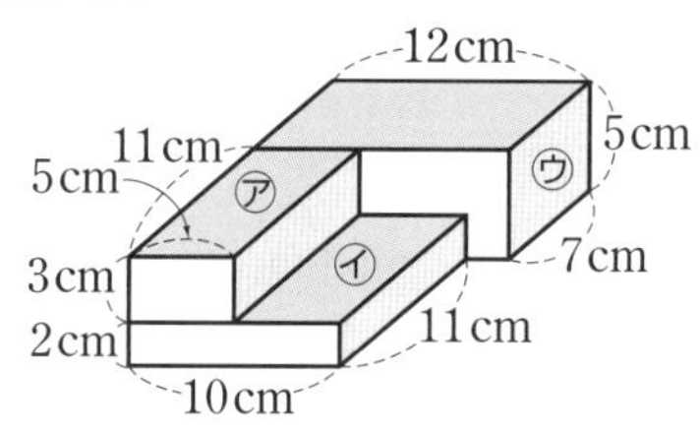

㋐の直方体の体積は　$11 \times 5 \times 3 = 165(\text{cm}^3)$

㋑の直方体の体積は　$11 \times 10 \times 2 = 220(\text{cm}^3)$

㋒の直方体の体積は　$7 \times 12 \times 5 = 420(\text{cm}^3)$

したがって，この立体の体積は

$165 + 220 + 420 = \mathbf{805(cm^3)}$

(2) 上から見える面積は

$7 \times 12 + 11 \times 10 = 194(\text{cm}^2)$

右から見える面積は　$5 \times 18 = 90(\text{cm}^2)$

前から見える面積は　$5 \times 12 = 60(\text{cm}^2)$

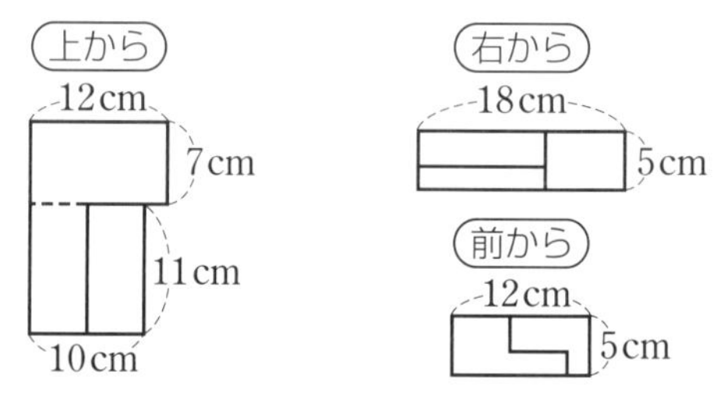

したがって，この立体の表面積は

$(194 + 90 + 60) \times 2 = \mathbf{688(cm^2)}$

↑3方向から見える面積の和

8 右の図の立体で，底面積の和(色がついた部分の面積の和)は

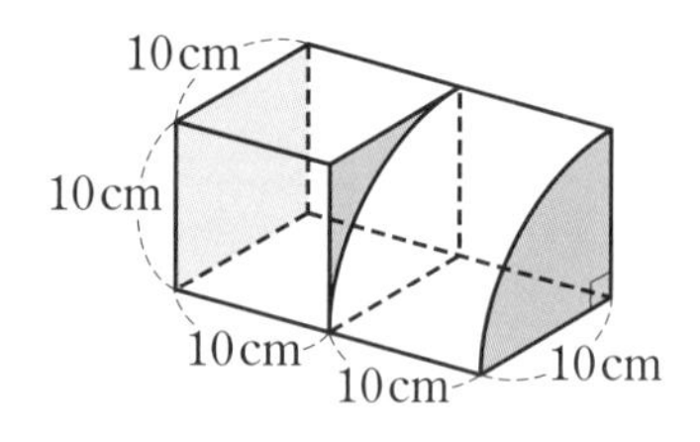

$10 \times 10 \times 2 = 200(\text{cm}^2)$

左の立体の側面積は

$(10 \times 4) \times 10 = 400(\text{cm}^2)$

右の立体の側面積は

$\left(10 \times 2 \times 3.14 \times \frac{1}{4} + 10 \times 2\right) \times 10$

$= 357(\text{cm}^2)$

したがって，この立体全体の表面積は

$200 + 400 + 357 = \mathbf{957(cm^2)}$

9 対角打ち(本冊 12 ページ参照)を利用して各頂点に記号を記入したあと，それぞれの面にひもをかき入れます。

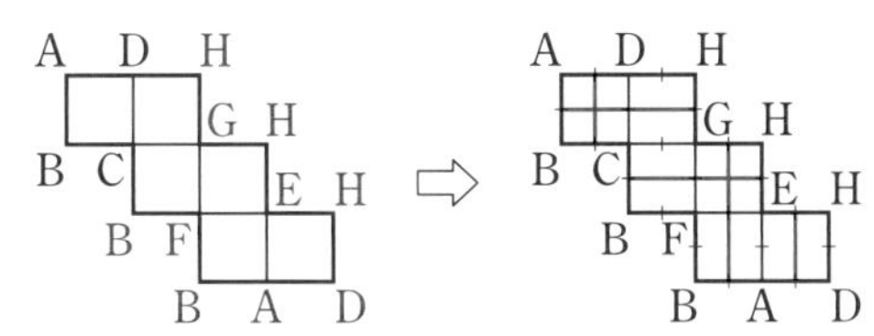

10 対角打ち(本冊 12 ページ参照)を利用して各頂点に記号を記入したあと，正方形 ABFE，正方形 EFGH，三角形 BFG，三角形 AEH にしゃ線をひきます。

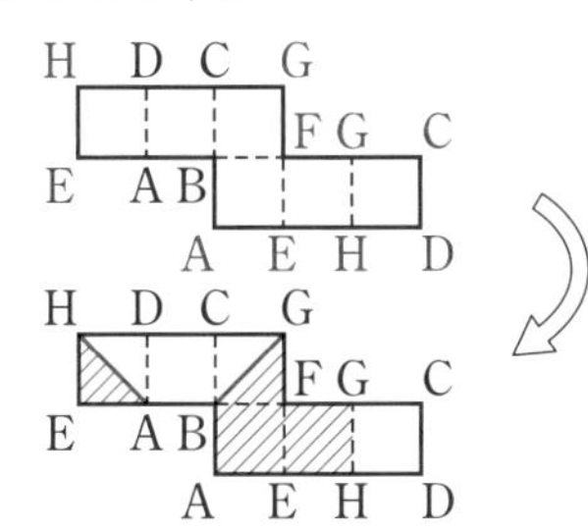

11 展開図を組み立てると，右の図のような円柱になります。

(1) 底面の円の半径は

$(35-15)\div 2\div 2=5$(cm)

よって，求める体積は

$5\times 5\times 3.14\times 15=375\times 3.14$

$=$ **1177.5(cm³)**

(2) $5\times 5\times 3.14\times 2+5\times 2\times 3.14\times 15$

$=200\times 3.14$

$=$ **628(cm²)**

12 展開図を組み立てると，右の図のような三角柱になります。

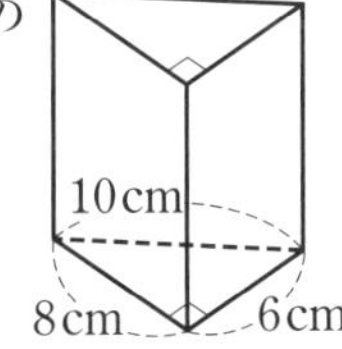

底面の三角形の面積は

$6\times 8\div 2=24$(cm²)

ですから，側面積は

$336-24\times 2=288$(cm²)

よって，この三角柱の高さは

$288\div(10+6+8)=12$(cm)

ですから，求める体積は

$24\times 12=$ **288(cm³)**

立方体を積み重ねた立体の色ぬり

練習問題 5-❶ の答え

問題➡本冊21ページ

1 (1) 48個 (2) 96個 (3) 64個

2 (1) 28個 (2) 28個 (3) 8個

解き方

1 (1) 2つの面に色がぬられている立方体は，右の図のように，<u>もとの立方体の辺で頂点にあたらない部分</u>にある立方体になりますから，求める個数は

$4\times12=$ **48**(個)

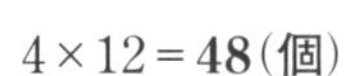

(2) 1つの面だけに色がぬられている立方体は，右の図のように，<u>もとの立方体の面で頂点にも辺にもあたらない部分</u>にある立方体になりますから，求める個数は

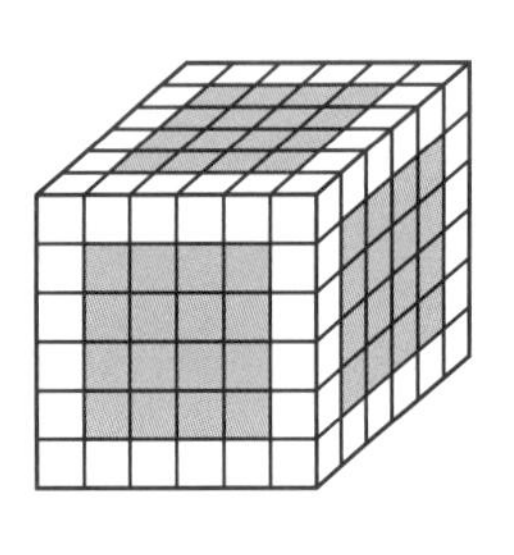

$(4\times4)\times6=$ **96**(個)

(3) 色がぬられていない立方体は，右の図のように，<u>中にかくれて見えない部分</u>にある立方体になりますから，求める個数は

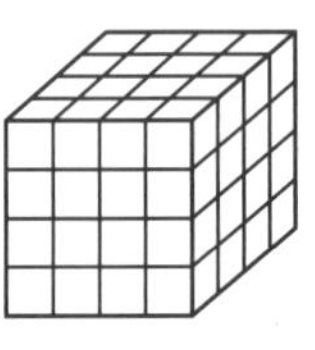

$4\times4\times4=$ **64**(個)

2 (1) 2つの面に色がぬられた立方体は，右の図のように，<u>もとの直方体の辺で頂点にあたらない部分</u>の立方体になりますから，求める個数は

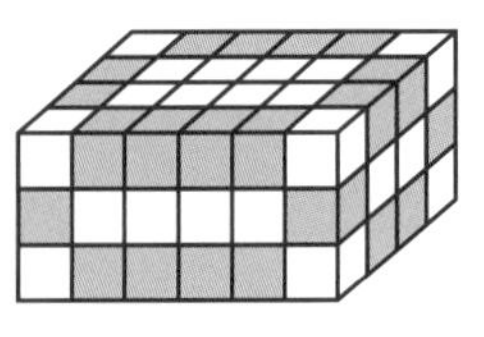

$(2+4+1)\times4=$ **28**(個)

(2) 1つの面に色がぬられた立方体は，右の図のように，<u>もとの直方体の面で頂点にも辺にもあたらない部分</u>にある立方体になりますから，求める個数は

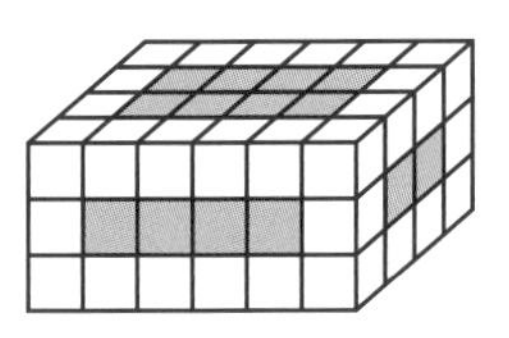

$(2\times4+1\times4+1\times2)\times2=$ **28**(個)

(3) 色がぬられていない立方体は，右の図のように，<u>中にかくれて見えない部分</u>にある立方体になりますから，求める個数は

$2\times4\times1=$ **8**(個)

練習問題 5-❷ の答え

問題➡本冊23ページ

1 8個　**2** (1) 6個 (2) 3個

解き方

1 下の図のように，上から段ごとに分けて調べます。

1段目

3	2	4
2	3	
4		

2段目

2	1	2
1	1	3
3		

3段目

3	2	3
2	1	2
3	3	4

よって，3面だけ赤色がぬってある1辺1cmの立方体は

$2+2+4=$ **8**(個)

2 下の図のように，上から段ごとに分けて調べます。

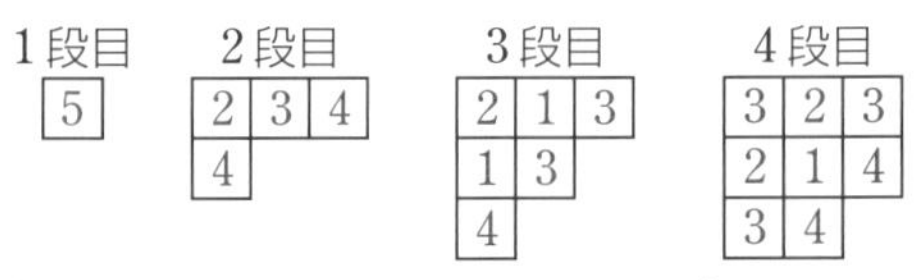

(1) 上の図より，3つの面だけに色がぬられている立方体は

$0+1+2+3=$ **6**(個)

(2) 上の図より，1つの面だけに色がぬられている立方体は

$0+0+2+1=$ **3**(個)

6日目 水そうの置きかえ・かたむけ

練習問題 6-❶ の答え

問題➡本冊25ページ

1 11.25cm　　**2** 15cm

解き方

1 下の図の台形 DBCE を底面として考えると，水の体積は

$(3+6)\times 4\div 2\times 15=270(\text{cm}^3)$

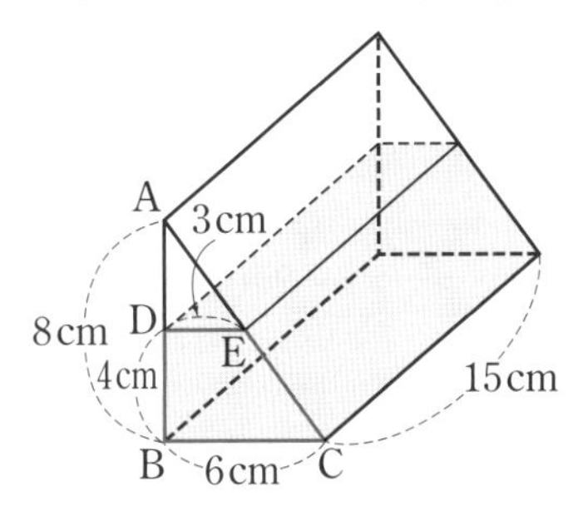

また，三角形 ABC の面積は

$6\times 8\div 2=24(\text{cm}^2)$

より，求める水の深さは

$270\div 24=\mathbf{11.25}(\text{cm})$

2 水の体積は　$5\times 12\times 10=600(\text{cm}^3)$

よって，長方形 AEFB の面積は

$600\div 8=75(\text{cm}^2)$

より，AE の長さは

$75\div 5=\mathbf{15}(\text{cm})$

練習問題 6-❷ の答え

問題➡本冊27ページ

1 6.5　　**2** 13cm

解き方

1 下の図4，図5 は，どちらもおく行きが同じですから，正面から見た図で考えます。

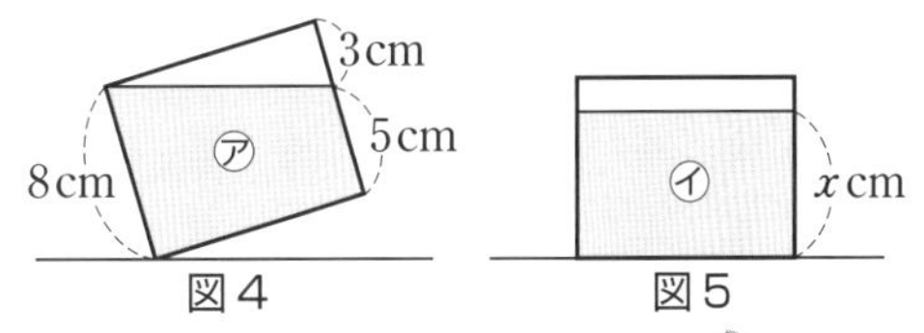

図4　図5

図4 の㋐と図5 の㋑の面積は同じですから

$8+5=x\times 2$ より　$x=13\div 2=\mathbf{6.5}(\text{cm})$

2 下の図1，図2 はどちらもおく行きが同じですから，正面から見た図で考えます。

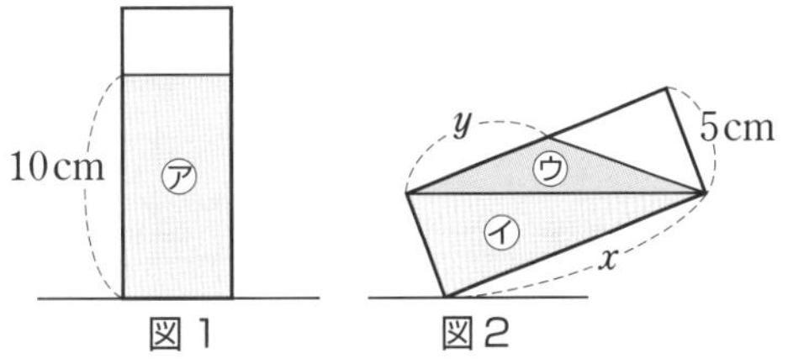

図1　図2

図1 の㋐と図2 の「㋑＋㋒(こぼれた水)」の面積は同じです。図2 の㋒の三角形の面積は

$105\div 6=17.5(\text{cm}^2)$

より，y の長さは

$17.5\times 2\div 5=7(\text{cm})$

よって，$10+10=7+x$ より

$x=20-7=\mathbf{13}(\text{cm})$

水そうにおもりを入れる

練習問題 7-❶ の答え

問題➡本冊29ページ

1 14.8cm　　**2** (1) 9.25cm　(2) 8cm

解き方

1 鉄のかたまりを取り出したときに，見かけ上減った水の体積は，この鉄のかたまりの体積と等しくなります。

鉄のかたまりの体積は

$5\times5\times5=125(\mathrm{cm}^3)$

この容器の底面積は

$25\times25=625(\mathrm{cm}^2)$

ですから，水面は

$125\div625=0.2(\mathrm{cm})$

下がります。よって求める水の深さは

$15-0.2=\mathbf{14.8(cm)}$

2 (1) 右の図1において，見かけ上増えた水の体積は，水面下にある円柱の体積と等しいですから

図1

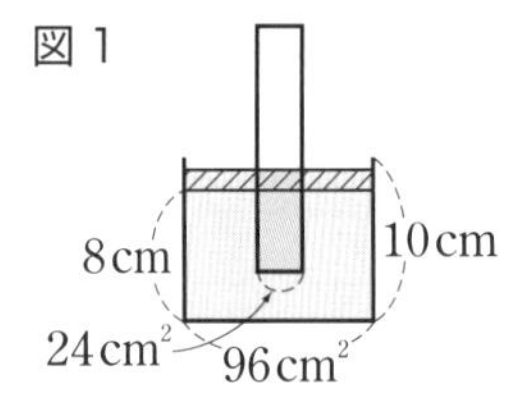

$24\times5=120(\mathrm{cm}^3)$

容器の底面積は

$12\times8=96(\mathrm{cm}^2)$

ですから，水面は

$120\div96=1.25(\mathrm{cm})$

上がります。よって，求める水の深さは

$8+1.25=\mathbf{9.25(cm)}$

(2) 右の図2において，見かけ上増える水の体積が

図2

8cm　10cm　96cm²

$96\times(10-8)$

$=192(\mathrm{cm}^3)$

になったときですから，求める長さは

$192\div24=\mathbf{8(cm)}$

練習問題 7-❷ の答え

問題➡本冊31ページ

1 (1) 240cm³　(2) 288cm³

2 (1) 15cm　(2) 18.4cm

解き方

1 (1) 図1の入れ方で考えます。

水そうの底面積は　$8\times12=96(\mathrm{cm}^2)$

直方体のおもりの底面積は

$6\times8=48(\mathrm{cm}^2)$

したがって，水の体積は

$(96-48)\times5=\mathbf{240(cm^3)}$

↑入れたおもりの分だけ減る

(2) 図2の入れ方で考えます。

水の部分の底面積は　$240\div4=60(\mathrm{cm}^2)$

ですから，このときのおもりの底面積は

$96-60=36(\mathrm{cm}^2)$

したがって，おもりの体積は

$36\times8=\mathbf{288(cm^3)}$

2 (1) 直方体の容器に入っている水の体積は

図1

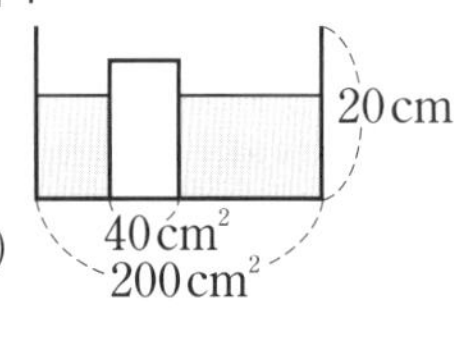

$200\times12=2400(\mathrm{cm}^3)$

右の図1のように，

円柱を1本入れたときの水の部分の底面積は

$200-40=160(\mathrm{cm}^2)$

↑入れた円柱の分だけ減る

ですから，このときの水の深さは

$2400\div160=\mathbf{15(cm)}$

(2) 円柱を2本入れたときの底面積は

$200-40\times2=120(\mathrm{cm}^2)$

↑入れた円柱の分だけ減る

ですから，このときの水の深さは

$2400\div120=20(\mathrm{cm})$

となり，これは円柱の高さ(＝16cm)をこえています(図2参照)。したがって，2本の円

柱は完全に水の中にしずんでいると考えられますから，見かけ上増えた水の体積は

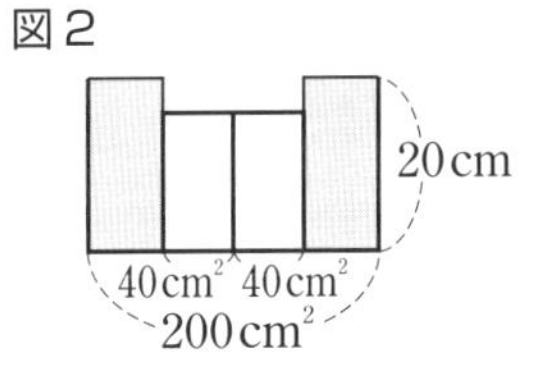

$40 \times 16 \times 2 = 1280(\text{cm}^3)$

より，水面は

$1280 \div 200 = 6.4(\text{cm})$

上がることがわかります。

よって，求める水の深さは

$12 + 6.4 = \mathbf{18.4(cm)}$

7日目
水そうにおもりを入れる

1 (1) 30個 (2) 62個 (3) 40個

2 (1) 9個 (2) 4個 (3) 9個

3 8.4cm

4 (1) 500cm^3 (2) $6\frac{2}{3}$ cm

5 (1) 3420cm^3 (2) 10.9cm

6 16cm

7 (1) 32cm^3 (2) 4cm

8 (1) 7cm (2) 6.25cm

9 (1) 9cm (2) 20cm

10 500cm^3

解き方

1 (1) 色がぬられていない立方体は，右の図1のように，中にかくれて見えない部分にある立方体になります。

図1

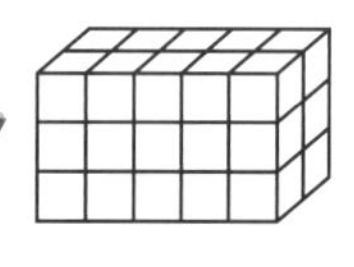

よって，求める個数は

$2\times5\times3=$ **30(個)**

(2) 1つの面に色がぬられた立方体は，右の図2のように，もとの直方体の面で頂点にも辺にもあたらない部分にある立方体になりますから，求める個数は

図2

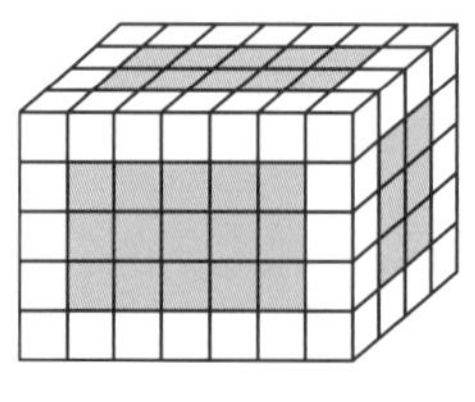

$(2\times5+3\times5+3\times2)\times2=$ **62(個)**

(3) 2つの面に色がぬられた立方体は，右の図3のように，もとの直方体の辺で頂点にあたらない部分にある立方体になりますから，求める個数は

図3

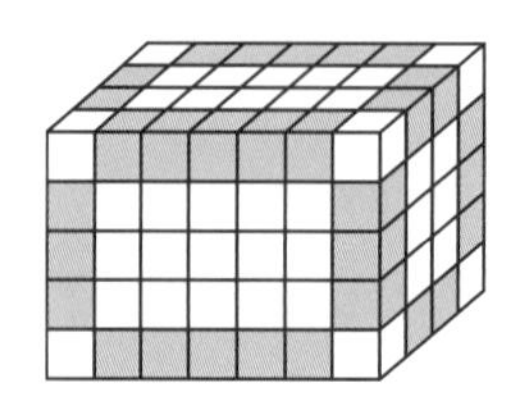

$(2+5+3)\times4=$ **40(個)**

2 下の図のように，上から段ごとに分けて調べます。

1段目

5

2段目

2	4
4	

3段目

2	1	4
1	3	
4		

4段目

2	1	1	4
1	0	3	
1	3		
4			

5段目

3	2	2	2	5
2	1	1	4	
2	1	4		
2	4			
5				

(1) 上の図より，4つの面に色がぬられた立方体は

$0+2+2+2+3=$ **9(個)**

(2) 上の図より，3つの面に色がぬられた立方体は

$0+0+1+2+1=$ **4(個)**

(3) 上の図より，2つの面に色がぬられた立方体は

$0+1+1+1+6=$ **9(個)**

3 水の体積は，$9\times7\div2\times8=252(\text{cm}^3)$ より，求める水の深さは

$252\div(5\times6)=$ **8.4(cm)**

4 (1) 水の量は $10\times10\div2\times10=$ **500(cm³)**

(2) 面Aの面積は，$10\times5+5\times5=75(\text{cm}^2)$ より，求める水の深さは

$500\div75=$ **$6\frac{2}{3}$(cm)**

5 (1) おうぎ形の面を底面と考えたとき，図1の水の部分の底面積は

$$20\times20\times3.14\times\frac{1}{4}-20\times20\div2$$

$=314-200=114(\text{cm}^2)$

より，水の体積は $114\times30=$ **3420(cm³)**

(2) 図2の水の部分の底面積は

$$20\times20\times3.14\times\frac{1}{4}=314(\text{cm}^2)$$

より，求める水の深さは

$3420\div314=10.89\cdots\to$ **10.9cm**

6 下の図はどちらもおく行きが同じですから，正面から見た図で考えます。

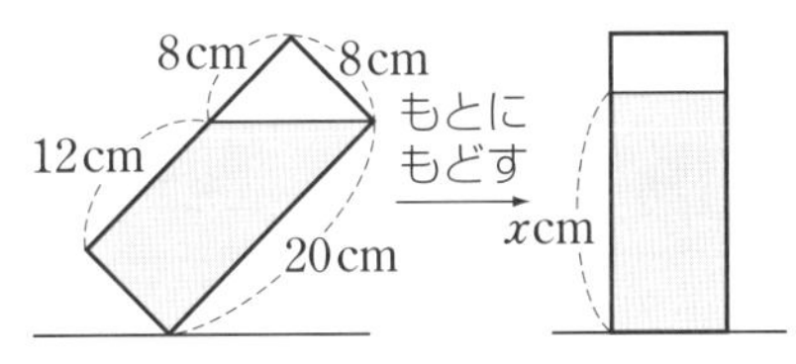

求める水の深さを $x$cm とすると，

$12+20=x\times2$ より

$x=32\div2=$ **16(cm)**

7 下の図2，図3は，どちらもおく行きが同じですから，正面から見た図で考えます。

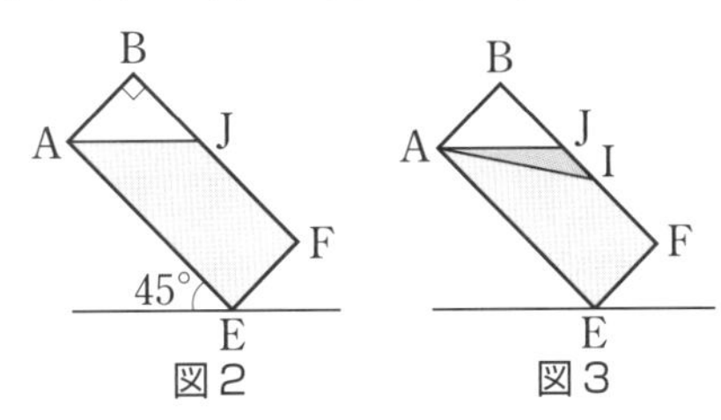

図2　　図3

(1)　図2のように，容器を45°かたむけたとき，三角形AJBは直角二等辺三角形になりますから，こぼれた水の体積は

$4\times4\div2\times4=$ **32(cm³)**

(2)　図3において，三角形AIJの面積は

$16\div4=4$(cm²)

ですから，JIの長さは　$4\times2\div4=2$(cm)

また，JFの長さは　$10-4=6$(cm)

ですから，IFの長さは　$6-2=$ **4(cm)**

8 (1)　図2の直方体は全部水につかりますから，見かけ上増えた水の体積は

$8\times10\times5=400$(cm³)

水そうの底面積は　$10\times20=200$(cm²)

より，水面は　$400\div200=2$(cm)

上がります。よって求める高さは

$5+2=$ **7(cm)**

(2)　水の部分の底面積は

$200-5\times8=160$(cm²)

水の体積は　$10\times20\times5=1000$(cm³)

よって，水面の高さは

$1000\div160=$ **6.25(cm)**

9 (1)　水そうの底面積は　$25\times40=1000$(cm²)

棒の底面積は　$10\times10=100$(cm²)

図1

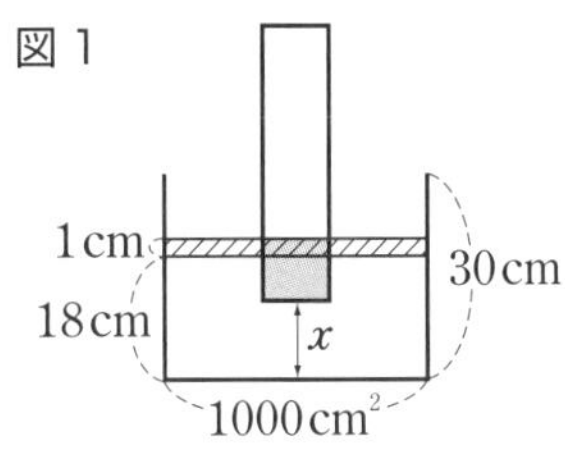

上の図1において，見かけ上増えた水の体積は　$1000\times1=1000$(cm³)

より，棒の水につかっている部分の長さは

$1000\div100=10$(cm)

したがって，求める長さ(図1の x の長さ)は

$1+18-10=$ **9(cm)**

(2)　水の体積は

1000×18

$=18000$(cm³)

右の図2において，

水の部分の底面積は

図2（30cm，100cm²，1000cm²）

$1000-100=900$(cm²)

↑入れた棒の分だけ減る

したがって，求める水の深さは

$18000\div900=$ **20(cm)**

10 下の図2において，見かけ上増えた分の水の体積(しゃ線をつけた部分の体積)は，さらに水につかった立方体の石3個分の体積(赤色をつけた部分の体積)と等しくなります。

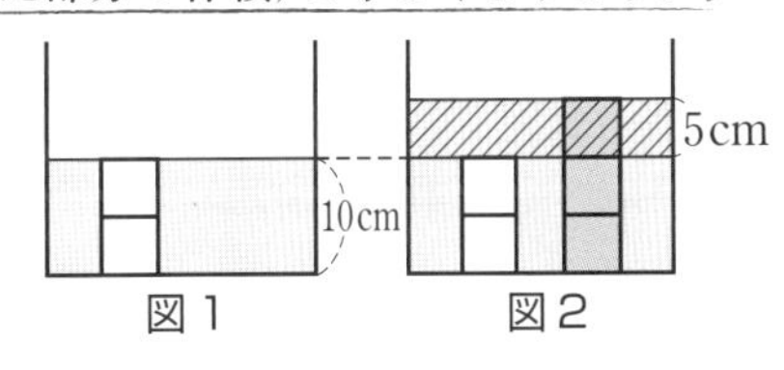

図1　　図2

よって，この水そうの底面積は

$5\times5\times5\times3\div5=75$(cm²)

ですから，図1において，水の部分の底面積は

$75-5\times5=50$(cm²)

↑入れた石の分だけ減る

したがって，求める水の量は

$50\times10=$ **500(cm³)**

9日目 角すい・円すい

練習問題 9-❶ の答え

問題➡本冊37ページ

1 15cm　　**2** 80cm^3

1 円すいのグラスの容積は

$$6\times6\times3.14\times10\times\frac{1}{3}=120\times3.14(\text{cm}^3)$$

↑底面積×高さ×$\frac{1}{3}$

より，円柱の水そうの容積は

$$120\times3.14\times8=960\times3.14(\text{cm}^3)$$

よって，円柱の水そうの高さは

$$960\times3.14\div(8\times8\times3.14)=960\div64$$
$$=\mathbf{15}(\text{cm})$$

2 三角柱ABC−DEFの体積から，三角すいP−ABCの体積をひいて求めます。

直角二等辺三角形ABCの面積は，対角線の長さが8cmの正方形の面積の半分になりますから

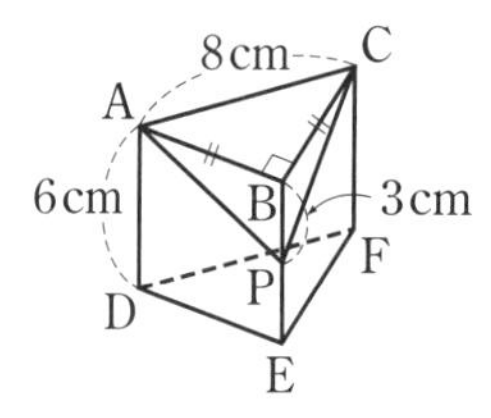

$$8\times8\div2\div2=16(\text{cm}^2)$$

三角柱ABC−DEFの体積は

$$16\times6=96(\text{cm}^2)$$

三角すいP−ABCの体積は

$$16\times3\times\frac{1}{3}=16(\text{cm}^3)$$

↑底面積×高さ×$\frac{1}{3}$

よって，求める体積は

$$96-16=\mathbf{80}(\text{cm}^3)$$

練習問題 9-❷ の答え

問題➡本冊39ページ

1 (1) 90°　(2) 5cm　(3) 13.5cm

2 266.9cm^2

解き方

1 (1) 中心角＝360°×$\frac{半径}{母線}$より

$$360°\times\frac{4}{16}=\mathbf{90°}$$

(2) 半径＝母線×$\frac{中心角}{360°}$より

$$15\times\frac{120}{360}=\mathbf{5}(\text{cm})$$

(3) 母線＝半径÷$\frac{中心角}{360°}$より

$$6\div\frac{160}{360}=\mathbf{13.5}(\text{cm})$$

2 側面積＝母線×半径×円周率より，この円すいの表面積は

$$5\times5\times3.14+12\times5\times3.14$$

↑母線×半径×円周率

$$=85\times3.14$$
$$=\mathbf{266.9}(\text{cm}^2)$$

10日目 回転体の体積・表面積

練習問題 10-❶ の答え

問題➡本冊41ページ

1 $408.2cm^2$　　**2** $12.56cm^3$

解き方

1 見取図をかくと，この立体は右の図のような円柱になります。よって，求める表面積は

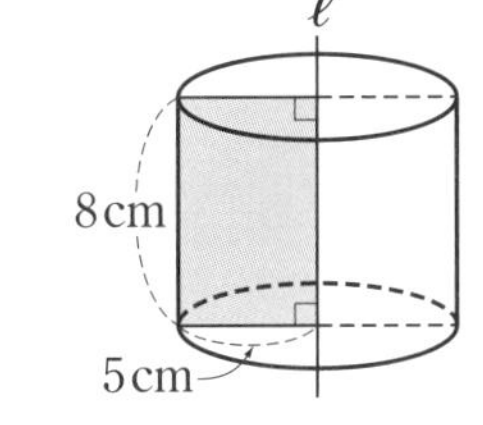

$5\times5\times3.14\times2$
$+5\times2\times3.14\times8$
$=130\times3.14=\mathbf{408.2(cm^2)}$

2 2つの立体の見取図をかくと，それぞれ図1，図2のような円すいになります。

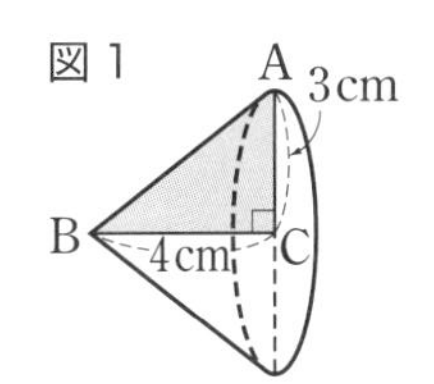

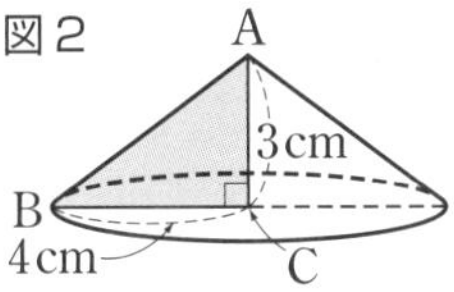

図1 の円すいの体積は

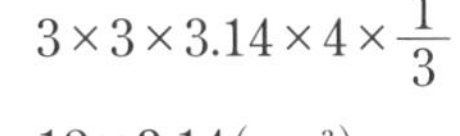

$3\times3\times3.14\times4\times\frac{1}{3}$

$=12\times3.14(cm^3)$

図2 A 3cm B 4cm C

図2 の円すいの体積は

$4\times4\times3.14\times3\times\frac{1}{3}$

$=16\times3.14(cm^3)$

したがって，求める体積の差は

$16\times3.14-12\times3.14$
$=4\times3.14=\mathbf{12.56(cm^3)}$

練習問題 10-❷ の答え

問題➡本冊43ページ

1 (1) $2355cm^3$　(2) $1413cm^2$

2 (1) $131.88cm^3$　(2) $188.4cm^2$

解き方

1 見取図をかくと，右の図のような円柱から円柱をくりぬいた立体になります。

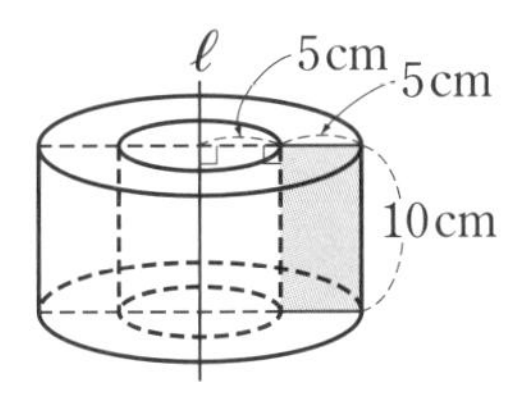

(1) この立体の底面積は

$10\times10\times3.14-5\times5\times3.14$
$=75\times3.14(cm^2)$

より，この立体の体積は

$75\times3.14\times10=\mathbf{2355(cm^3)}$

(2) 外側の側面積は

$10\times2\times3.14\times10=200\times3.14(cm^2)$

内側の側面積は

$5\times2\times3.14\times10=100\times3.14(cm^2)$

したがって，この立体の表面積は

$\underline{75\times3.14\times2}+\underline{200\times3.14}+\underline{100\times3.14}$

（↑底面積の和　↑外側の側面積　↑内側の側面積）

$=450\times3.14$
$=\mathbf{1413(cm^2)}$

2 見取図をかくと，右の図のような円柱から円すいをくりぬいた立体になります。

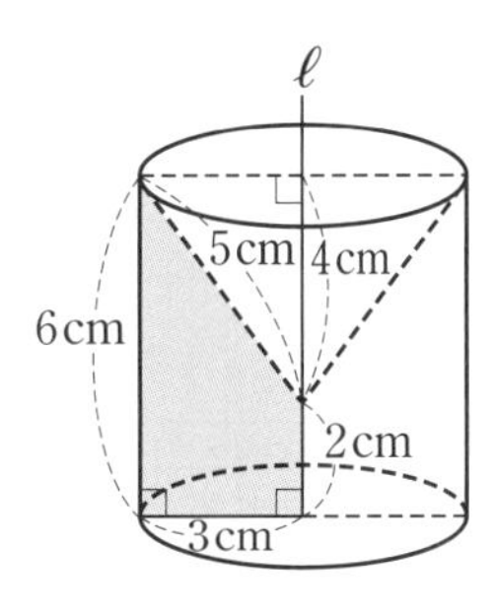

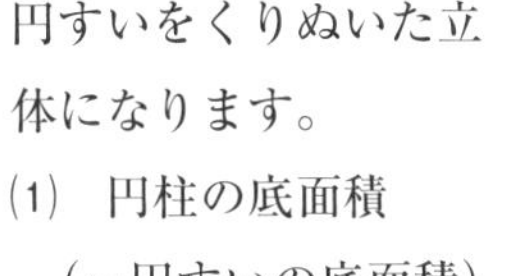

(1) 円柱の底面積（＝円すいの底面積）は

$3\times3\times3.14=9\times3.14(cm^2)$

より，この立体の体積は

$9\times3.14\times6-9\times3.14\times4\times\frac{1}{3}$
$=42\times3.14$
$=\mathbf{131.88(cm^3)}$

(2) 円柱の側面積は

$3\times2\times3.14\times6=36\times3.14(cm^2)$

円すいの側面積は

$\underline{5\times3\times3.14}=15\times3.14(cm^2)$

（↑母線×半径×円周率）

したがって，この立体の表面積は

$\underline{9\times3.14}+\underline{36\times3.14}+\underline{15\times3.14}$

（↑底面積　↑外側の側面積　↑内側の側面積）

$=60\times3.14$
$=\mathbf{188.4(cm^2)}$

11日目 投えい図と見取図

練習問題 11-❶ の答え

問題➡本冊45ページ

1 (1) **471cm²** (2) **527.52cm³**

2 **6430cm³**

解き方

1 (1) この立体は，右の図1 のような円柱になります。

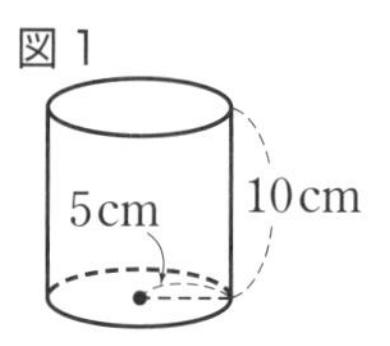

よって，求める表面積は

$5\times5\times3.14\times2+5\times2\times3.14\times10$

$=150\times3.14$

$=\mathbf{471(cm^2)}$

(2) この立体は，右の図2 のような円すいになります。

図2 14cm 6cm

よって，求める体積は

$6\times6\times3.14\times14\times\frac{1}{3}$

$=168\times3.14$

$=\mathbf{527.52(cm^3)}$

2 この立体は，下の図のように直方体から円柱の半分を切り取った立体になります。

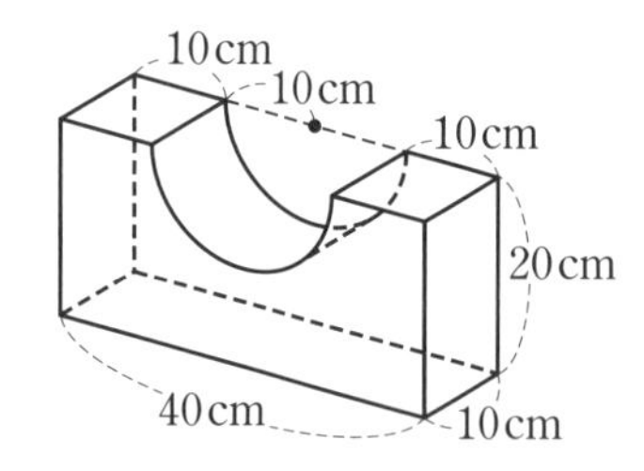

正面から見た面の面積(底面積)は

$20\times40-10\times10\times3.14\times\frac{1}{2}$

$=643(cm^2)$

より，求める体積は

$643\times10=\mathbf{6430(cm^3)}$

練習問題 11-❷ の答え

問題➡本冊47ページ

1 **12 個以上 18 個以下**

2 (1) **21 個** (2) **15 個**

解き方

1 真上から見た図に，積み重ねた立方体の積み木の個数を書きこんで数えます。

積み木の個数が最も少ない場合は，下の図1 のようになり，積み木の個数が最も多い場合は，図2 のようになります。

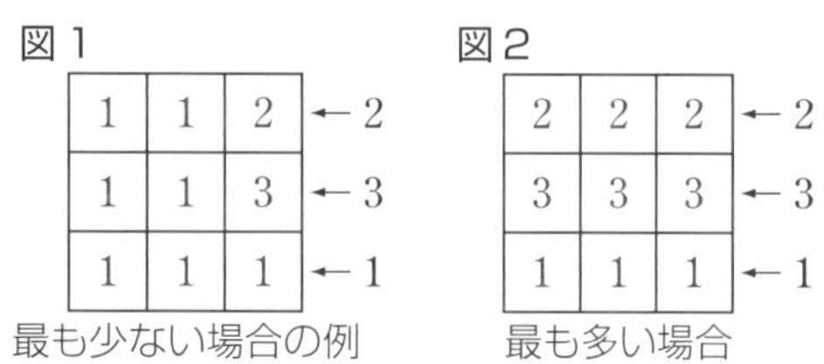

よって，求める個数のはんいは

$1\times7+2+3=$**12**(個以上)

$1\times3+2\times3+3\times3=$**18**(個以下)

2 上から見た図に，積み重ねた立方体の個数を書きこんで数えます。

(1) 最も多い場合は，右の図1 のようになりますから，求める個数は

$2\times3+3\times5=$**21**(個)

図1

	3	3	←3
2	2	2	←2
3	3	3	←3
↑3	↑3	↑3	

(2) まず，下の図2 の○の部分に 3 個を書きこみます。次に，かげをつけた部分は，どこか 1 つだけ 2 個になればいいですから，あとのマスには 1 個を書きこむと，図3 のようになります。求める個数は

$1\times4+2+3\times3=$**15**(個)

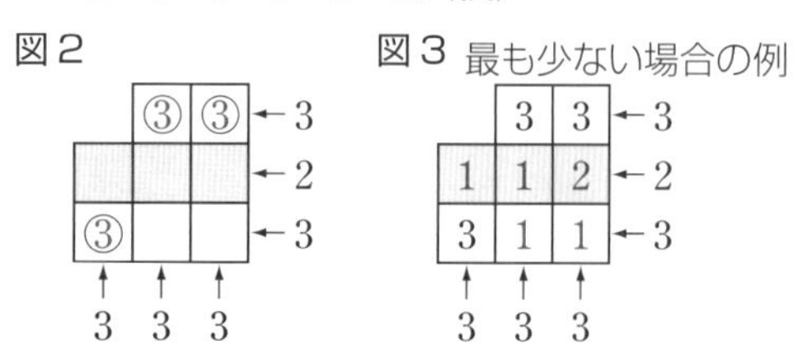

12日目 9日目〜11日目の復習

1 8cm　**2** $494\frac{2}{3}$cm³

3 12cm³　**4** 150.72cm²

5 3　**6** (1) 251.2cm³　(2) 351.68cm²

7 763.02cm³　**8** 175.84cm²

9 181.3cm²

10

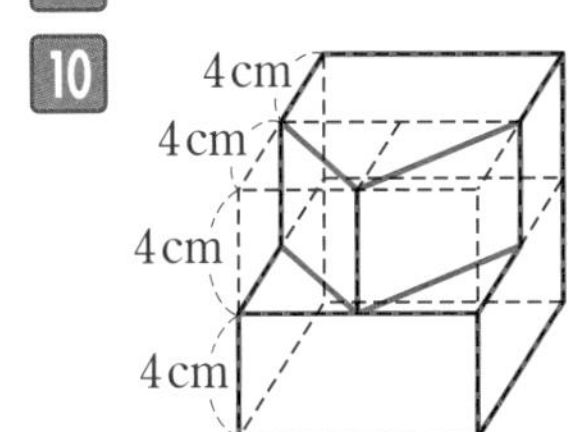

448cm³

11 13個以上20個以下　**12** 8個

解き方

1 頂点Cをふくむ方の立体は，長方形BEFCを底面，ABを高さとする四角すいA−BEFCになります。

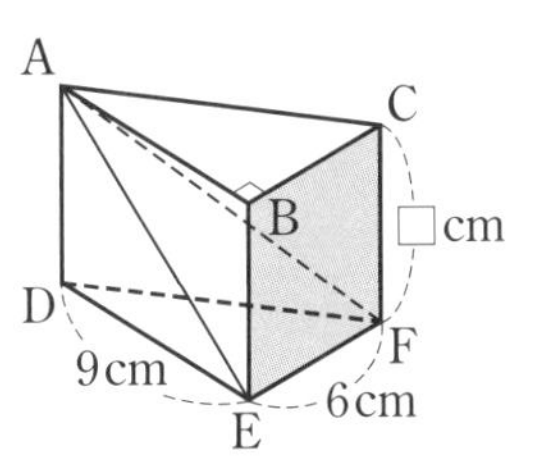

この体積が144cm³ですから，CF=□cmとすると

$$\square\times6\times9\times\frac{1}{3}=144$$

↑底面積×高さ×$\frac{1}{3}$

$\square$=**8(cm)**

2 もとの円柱の体積は

$5\times5\times3.14\times8=200\times3.14=628$(cm³)

切り取った正四角すいの底面は，対角線の長さが(5×2=)10cmの正方形ですから，体積は

$$10\times10\div2\times8\times\frac{1}{3}=133\frac{1}{3}\text{(cm}^3)$$

↑底面積×高さ×$\frac{1}{3}$

したがって，求める体積は

$628-133\frac{1}{3}=$**$494\frac{2}{3}$(cm³)**

3 この展開図を組み立てると，右の図のような三角すいになりますから，体積は

$$3\times4\div2\times6\times\frac{1}{3}$$

↑底面積×高さ×$\frac{1}{3}$

=**12(cm³)**

4 この円すいの母線は8cm，底面の半径は(8÷2=)4cmですから，表面積は

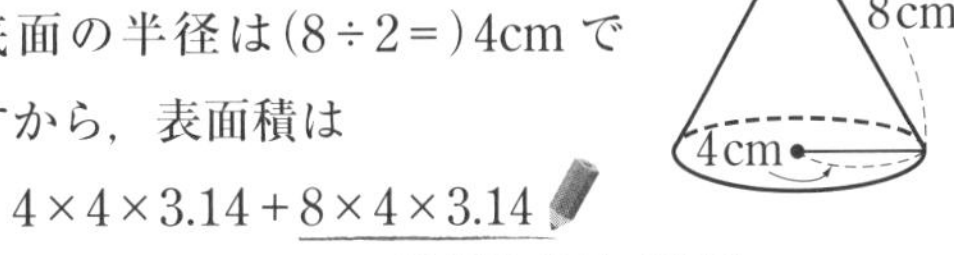

$4\times4\times3.14+8\times4\times3.14$

↑母線×半径×円周率

$=48\times3.14$

=**150.72(cm²)**

5 下の図の円すいと円柱の表面積が等しくなります。

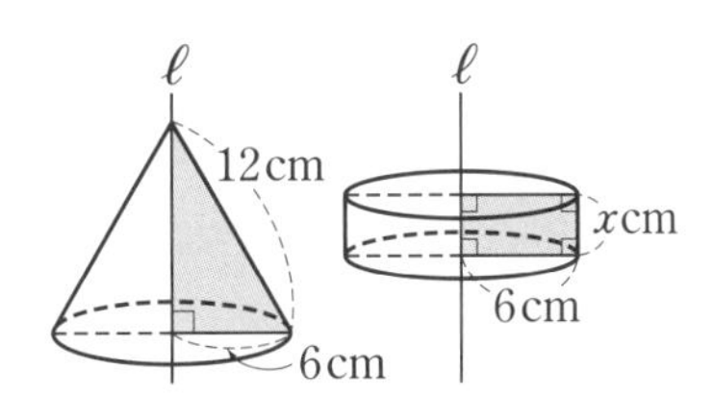

円周率を3.14とすると，円すいの表面積は

$6\times6\times3.14+12\times6\times3.14$

↑母線×半径×円周率

$=108\times3.14$(cm²)

円柱の表面積は

$6\times6\times3.14\times2+6\times2\times3.14\times x$

$=(72+12\times x)\times3.14$(cm²)

この2つの表面積が等しいことから

$(72+12\times x)\times3.14=108\times3.14$

$72+12\times x=108$ ←×3.14をはぶいた式

$x=(108-72)\div12=$**3**(cm)

6 見取図をかくと，右の図のような円柱から円柱をくりぬいた立体になります。

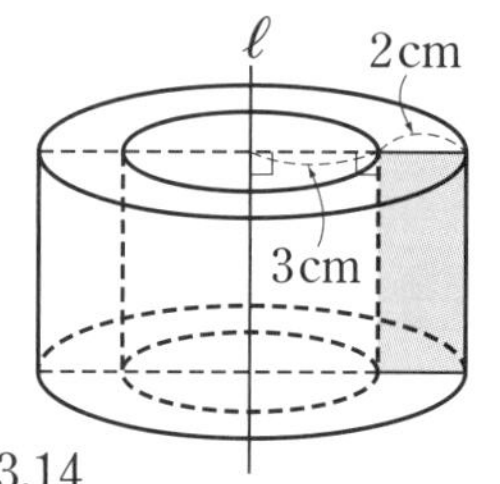

(1) この立体の底面積は

$5\times5\times3.14-3\times3\times3.14$

$=16\times3.14(\text{cm}^2)$

より，この立体の体積は

$16\times3.14\times5=\mathbf{251.2(cm^3)}$

(2) この立体の外側の側面積は

$5\times2\times3.14\times5=50\times3.14(\text{cm}^2)$

内側の側面積は

$3\times2\times3.14\times5=30\times3.14(\text{cm}^2)$

したがって，この立体の表面積は

$\underline{16\times3.14\times2}+\underline{50\times3.14}+\underline{30\times3.14}$

（↑底面積の和　↑外側の側面積　↑内側の側面積）

$=112\times3.14$

$=\mathbf{351.68(cm^2)}$

7 右の図1の正方形㋐，㋒をℓのまわりに1回転させてできる立体の体積はそれぞれ正方形㋓，㋔をℓのまわりに1回転させてできる立体の体積と同じですから，<u>㋐の部分を㋓の部分に，㋒の部分を㋔の部分にそれぞれ移してから，全体を回転させても同じ</u>ことになります。したがって，図2のような円柱の体積を求めればよいですから

図1

図2

$9\times9\times3.14\times3=243\times3.14$

$=\mathbf{763.02(cm^3)}$

8 見取図をかくと，下の図のような円柱を2つ合わせた形の立体になります。

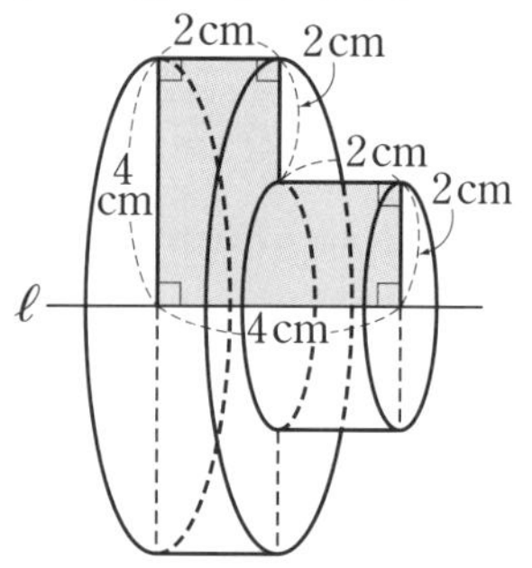

左右から見える面の面積の合計(底面積の合計)は

$4\times4\times3.14\times2=32\times3.14(\text{cm}^2)$

側面積の合計は

$4\times2\times3.14\times2+2\times2\times3.14\times2$

$=24\times3.14(\text{cm}^2)$

したがって，表面積は

$32\times3.14+24\times3.14=56\times3.14$

$=\mathbf{175.84(cm^2)}$

9 この立体は，右の図のような円柱を半分にした形になります。前後から見える面の面積の合計(底面積の合計)は

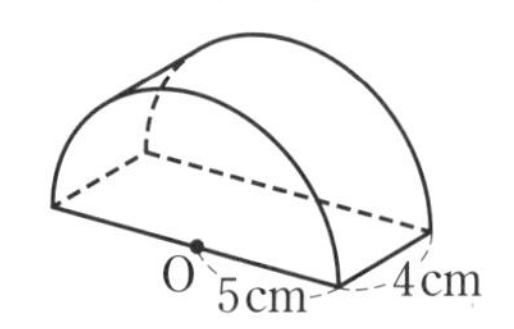

$5\times5\times3.14\times\frac{1}{2}\times2=78.5(\text{cm}^2)$

側面積は

$\left(5\times2\times3.14\times\frac{1}{2}+5\times2\right)\times4=102.8(\text{cm}^2)$

したがって，表面積は

$78.5+102.8=\mathbf{181.3(cm^2)}$

10 この立体の見取図は，下の図のようになります。

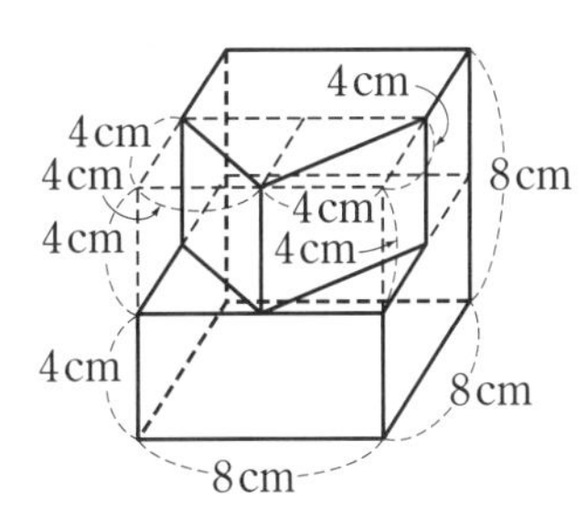

これは，立方体から三角柱２つを切り取った立体になります。

切り取る三角柱１つ分の体積は

$4\times4\div2\times4=32(cm^3)$

ですから，求める体積は

$8\times8\times8-32\times2=\mathbf{448}(\mathbf{cm^3})$

11 真上から見た図に，積み重ねた立方体の個数を書きこんで考えます。

立方体の個数が最も少ない場合は，下の図1 のようになり，最も多い場合は図2 のようになります。

図１
最も少ない場合の例

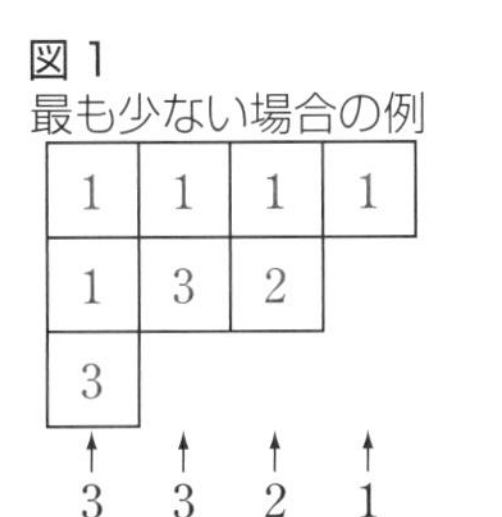

図２
最も多い場合

3	3	2	1
3	3	2	
3			

↑3　↑3　↑2　↑1

よって，求める個数のはんいは

$1\times5+2+3\times2=\mathbf{13}$(個以上)

$1+2\times2+3\times5=\mathbf{20}$(個以下)

12 真上から見た図に，ブロックの個数を書きこんで考えます。

(問題の図には真上から見た図がかかれていませんが，正面，真横から見た図から考えて，真上から見た図は，3×3 の正方形のマス目をもとに考えればよいことがわかります。)

まず，２個と３個が積み重なっている位置は，下の図1 のようになります。次に，ブロックの面と面をぴったりくっつけてこの立体を作っていることから，１個積んである位置は，図2 のようになります。

図１

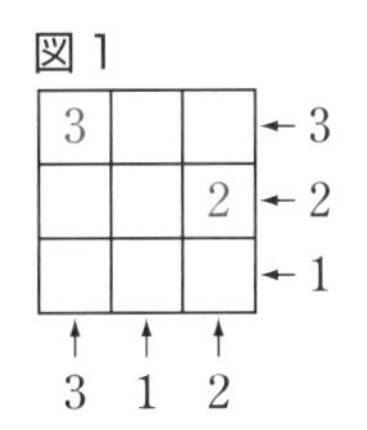

図２

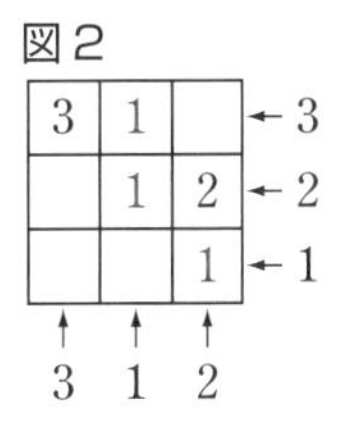

よって，求める個数は

$1\times3+2+3=\mathbf{8}$(個)

問題➡本冊52ページ

① 736cm³　② (1) 340cm²　(2) 392cm³

③ (1) 128.52cm³　(2) 162.84cm²

④ 2119.5cm³　⑤ 1507.2cm³

⑥ (1) 135個

(2) 1面…62個，2面…44個，
3面…8個，色なし…21個

⑦ (1) 52.8cm³　(2) 4.2cm

⑧ 8cm

⑨ (1) 12.5cm　(2) 180cm³　(3) 9cm

⑩ 8.4cm　⑪ 904.32

⑫ 315cm³

解き方

① 右の図で色がついた面を底面として考えます。

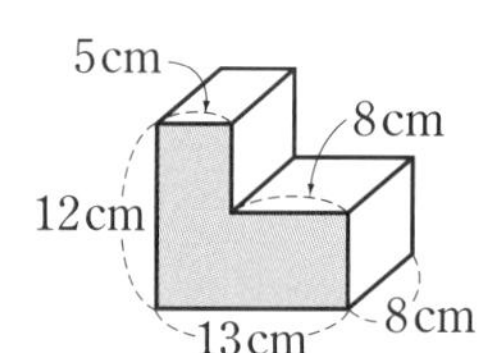

底面のまわりの長さは
$(12+13)\times2=50$(cm)
より，側面積は
$50\times8=400$(cm²)
よって，底面積は
$(584-400)\div2=92$(cm²)
したがって，この立体の体積は
$92\times8=$ **736(cm³)**

② (1) 上から見える面積は
$5\times10=50$(cm²)
左から見える面積は
$8\times5=40$(cm²)
前から見える面積は
$8\times10=80$(cm²)
よって，この立体の表面の面積の和は
$(50+40+80)\times2=$ **340(cm²)**
↑3方向から見える面積の和

(2) 切り取った立方体の1辺は，$5-3=2$(cm)ですから，この立体の体積は
$5\times10\times8-2\times2\times2=$ **392(cm³)**

③ (1) 上の立体は，底面が半径6cm，中心角90°のおうぎ形で，高さが2cmの柱体ですから，体積は
$6\times6\times3.14\times\frac{1}{4}\times2=18\times3.14$
$=56.52$(cm³)
下の立体は，底面が1辺6cmの正方形で高さが2cmの四角柱ですから，体積は
$6\times6\times2=72$(cm³)
したがって，この立体の体積は
$56.52+72=$ **128.52(cm³)**

(2) この立体を真上，真下から見ると，どちらも1辺が6cmの正方形になりますから，底面積の和は
$6\times6\times2=72$(cm²)
上の立体の側面積は
$\left(6\times2\times3.14\times\frac{1}{4}+6\times2\right)\times2$
$=42.84$(cm²)
下の立体の側面積は
$6\times4\times2=48$(cm²)
したがって，この立体の表面積は
$72+42.84+48=$ **162.84(cm²)**

④ 展開図を組み立てると，右の図のような円柱になります。

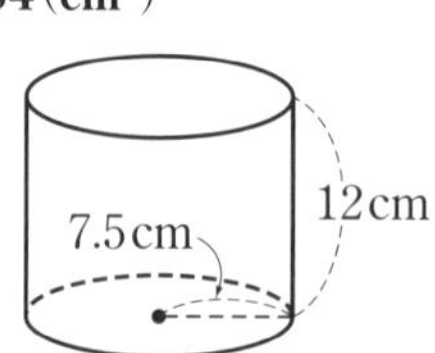

底面の円周が47.1cmですから，半径は
$47.1\div3.14\div2=7.5$(cm)
よって，求める体積は
$7.5\times7.5\times3.14\times12=675\times3.14$
$=$ **2119.5(cm³)**

⑤ 展開図を組み立てると，右の図のような底面が半径12cm，中心角60°のおうぎ形で，高さが20cmの柱体になりますから，体積は

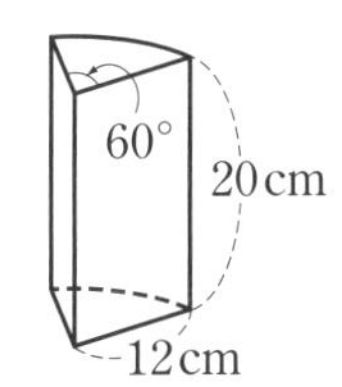

$$12\times12\times3.14\times\frac{60}{360}\times20=480\times3.14$$
$$=\mathbf{1507.2}\,(\mathbf{cm^3})$$

⑥ (1) $3\times9\times5=$**135(個)**

(2) 色が1面にぬられたものは，右の図1のように，もとの直方体の面で頂点にも辺にもあたらない部分にある立方体になりますから，求める個数は

図1

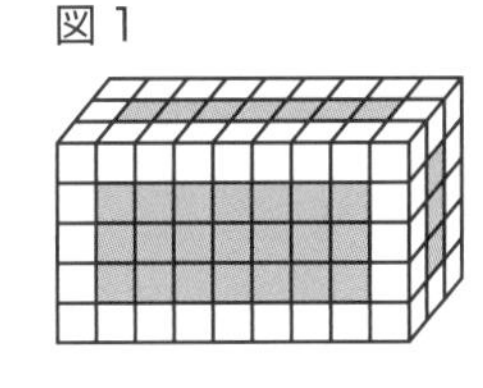

$(1\times7+3\times7+3\times1)\times2=$**62(個)**

色が2面にぬられたものは，右の図2のように，もとの直方体の辺で頂点にあたらない部分にある立方体になりますから，求める個数は

図2

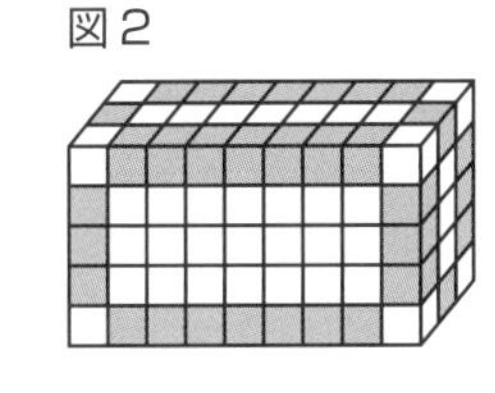

$(1+7+3)\times4=$**44(個)**

色が3面にぬられたものは，右の図3のように，もとの直方体の頂点にあたる部分にある立方体になりますから，求める個数は**8個**。

図3

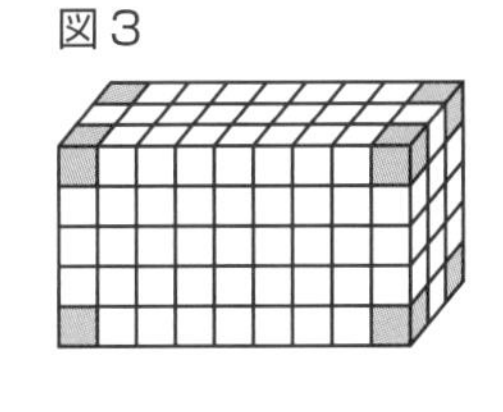

どの面にもぬられていないものは，右の図4のように，中にかくれて見えない部分にある立方体になりますから，求める個数は

図4

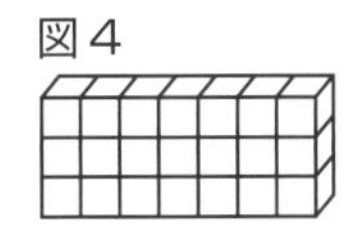

$1\times7\times3=$**21(個)**

⑦ (1) 右の図で，おうぎ形OABの面積は

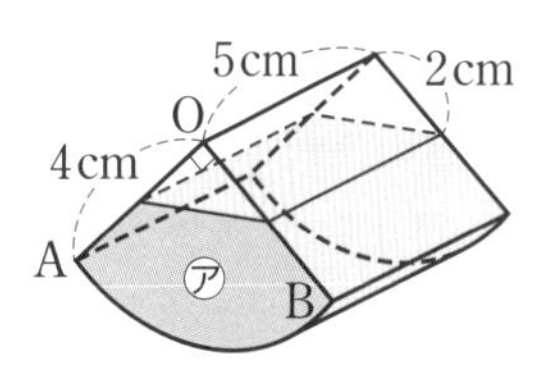

$$4\times4\times3.14\times\frac{1}{4}$$
$$=12.56\,(\mathrm{cm^2})$$

よって，㋐の面の面積は

$12.56-2\times2\div2=10.56\,(\mathrm{cm^2})$

ですから，水の体積は

$10.56\times5=$**52.8(cm³)**

(2) おうぎ形OABを底面としたときの水の深さは

$52.8\div12.56=4.20\cdots(\mathrm{cm})\to$ **4.2cm**

⑧ 水につかっている部分の体積は，見かけ上増えた分の水の体積と等しいですから

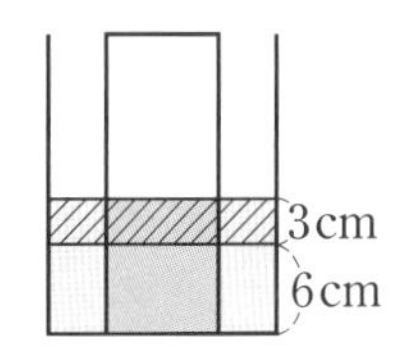

$12\times16\times3=576\,(\mathrm{cm^3})$

よって，図2の直方体の底面積は

$576\div(6+3)=64\,(\mathrm{cm^2})$

$64=8\times8$ より，1辺の長さは**8cm**です。

⑨ (1) 水そうの底面積は　$12\times15=180\,(\mathrm{cm^2})$

より，水の体積は　$180\times10=1800\,(\mathrm{cm^3})$

四角柱を底につくまで入れたときの水の部分の底面積は

$180-6\times6=144\,(\mathrm{cm^2})$

↑入れた四角柱の分だけ減る

よって，求める高さは　$1800\div144=$**12.5(cm)**

(2) 四角柱を2本底につくまで入れたときの水の部分の底面積は

$180-6\times6\times2=108\,(\mathrm{cm^2})$

↑入れた四角柱の分だけ減る

より，水そうの中に残っている水の体積は

$108\times15=1620\,(\mathrm{cm^3})$

したがって，あふれた水の体積は

$1800-1620=$**180(cm³)**

(3) (2)の水そうの中に残っている水の体積を水そうの底面積でわって求めます。

$1620\div180=$**9(cm)**

⑩ 頂点Aをふくむ方の立体は，長方形ADEBを底面，BCを高さとする四角すいC−ADEBになります。この体積が140cm³ですから，AD=□cmとすると

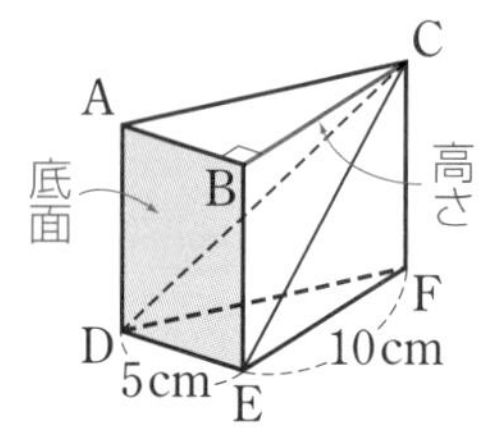

$\square \times 5 \times 10 \times \frac{1}{3} = 140$

↑ 底面積×高さ×$\frac{1}{3}$

□=**8.4**(**cm**)

⑪ 見取図をかくと，右の図のような円すいと円柱を組み合わせた立体になります。したがって，求める体積は

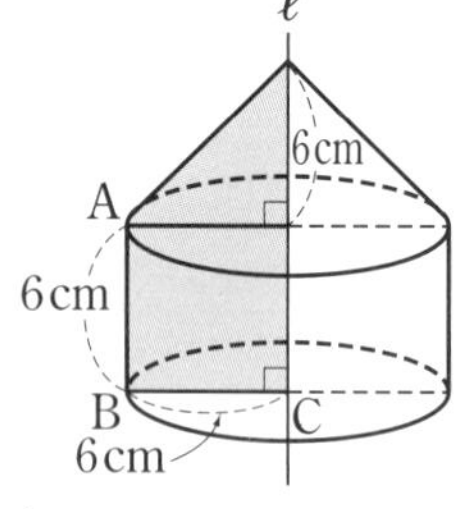

$6 \times 6 \times 3.14 \times 6$

$+ 6 \times 6 \times 3.14 \times 6 \times \frac{1}{3}$

↑ 底面積×高さ×$\frac{1}{3}$

$= 288 \times 3.14$

$=$ **904.32**(cm³)

⑫ この立体の見取図は，下の図のようになります。

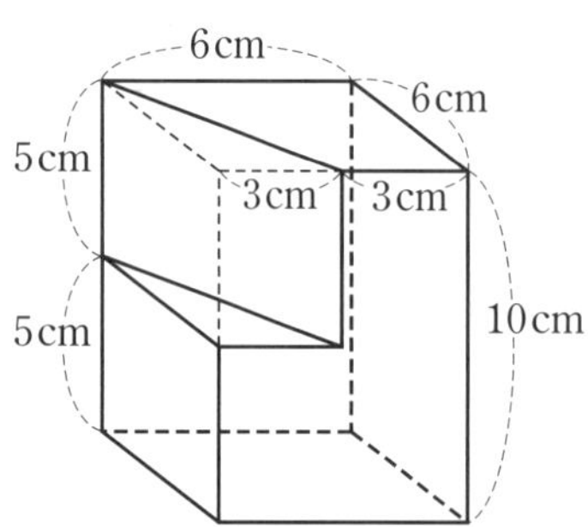

これは，直方体から三角柱を切り取った立体になりますから，求める体積は

$6 \times 6 \times 10 - 3 \times 6 \div 2 \times 5 =$ **315**(**cm³**)

① (1) **717.4cm³** (2) **731.88cm²**　② **5.5**

③ (1) **○…6.5cm，△…10.5cm**

(2) **1155.5cm²** (3) **2213.875cm³**

④ ア

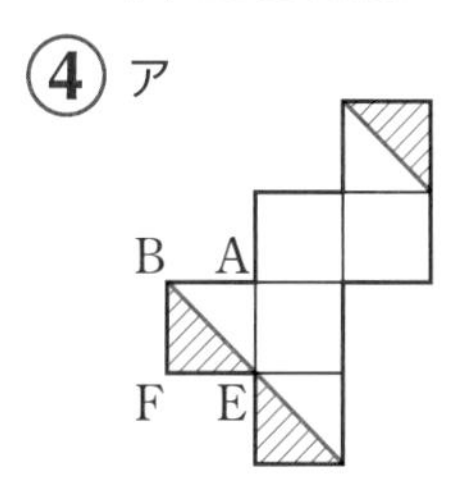

イ

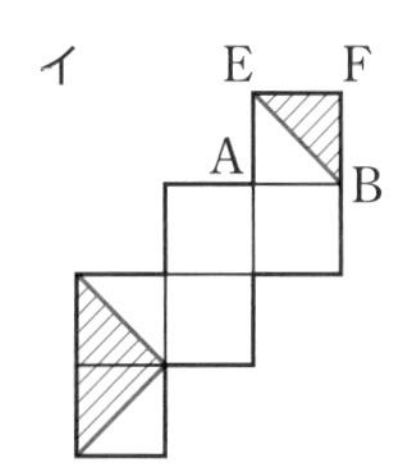

⑤ **189**　⑥ (1) **6** (2) **8** (3) **6** (4) **2**

⑦ (1) **2.4cm** (2) **100cm²**

⑧ (1) **270 個目** (2) **24 個目**

⑨ (1) **216°** (2) **49.68cm²**　⑩ **169.56cm²**

⑪ (1) **30cm²** (2) **①715.92cm³　②753.6cm²**

⑫ **①27　②53**

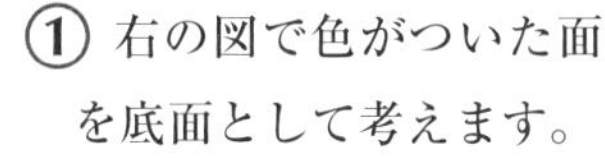

① 右の図で色がついた面を底面として考えます。

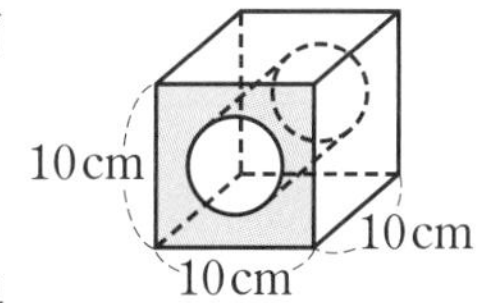

(1) 底面積は

$10 \times 10 - 3 \times 3 \times 3.14$

$= 71.74(\text{cm}^2)$

より，体積は

$71.74 \times 10 = \mathbf{717.4(cm^3)}$

(2) 外側の側面積は

$10 \times 4 \times 10 = 400(\text{cm}^2)$

内側の側面積は

$3 \times 2 \times 3.14 \times 10 = 188.4(\text{cm}^2)$

よって，表面積は

$71.74 \times 2 + 400 + 188.4 = \mathbf{731.88(cm^2)}$

② この立体を真上，真下から見ると，どちらも1辺が10cmの正方形になりますから，底面積の和は　$10 \times 10 \times 2 = 200(\text{cm}^2)$

外側の側面積は

$10 \times 4 \times 10 = 400(\text{cm}^2)$

よって，内側の側面積は

$754 - (200 + 400) = 154(\text{cm}^2)$

ですから，□にあてはまる数は

$154 \div (7 \times 4) = \mathbf{5.5}(\text{cm})$

③ (1) 右の図1において，アとイの辺の長さの和より

図1

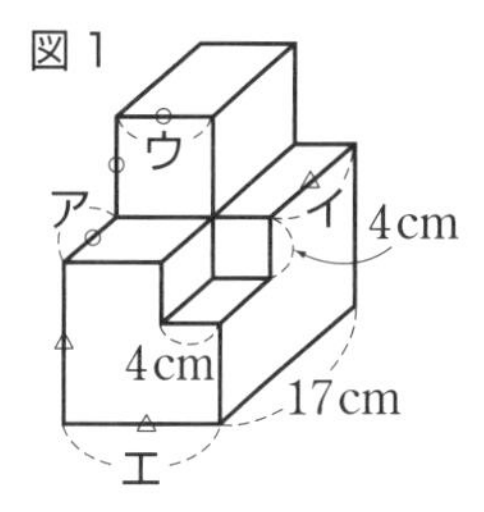

$○ + △ = 17(\text{cm})$

ウとエの辺の長さの差より

$△ - ○ = 4(\text{cm})$

よって，和差算により，○の長さは

$(17 - 4) \div 2 = \mathbf{6.5(cm)}$

△の長さは　$6.5 + 4 = \mathbf{10.5(cm)}$

(2) 上から見える面積は

$17 \times 10.5 = 178.5(\text{cm}^2)$

右から見える面積は

$6.5 \times 10.5 + 10.5 \times 17 = 246.75(\text{cm}^2)$

前から見える面積は

$6.5 \times 6.5 + 10.5 \times 10.5 = 152.5(\text{cm}^2)$

よって，この立体の表面積は

$(178.5 + 246.75 + 152.5) \times 2$

↑3方向から見える面積の和

$= \mathbf{1155.5(cm^2)}$

(3) 右の図2のように，上下2つの立体①，②に分けて考えます。

図2

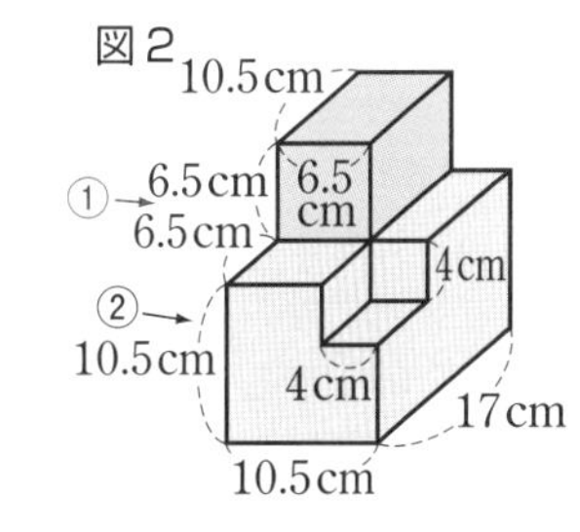

①の立体は，縦10.5cm，横6.5cm，高さ6.5cmの直方体ですから，体積は

$10.5 \times 6.5 \times 6.5 = 443.625(\text{cm}^3)$

②の立体は，縦 17cm，横 10.5cm，高さ 10.5cm の直方体から，縦 6.5cm，横 4cm，高さ 4cm の直方体をとりのぞいた立体ですから体積は

$17\times10.5\times10.5-6.5\times4\times4=1770.25$ (cm³)

よって，この立体の体積は

$443.625+1770.25=$ **2213.875 (cm³)**

④ 対角打ち(本冊 12 ページ参照)を利用して各頂点に記号を記入したあと，三角形 BFG，BEF，GEF にしゃ線をひきます。

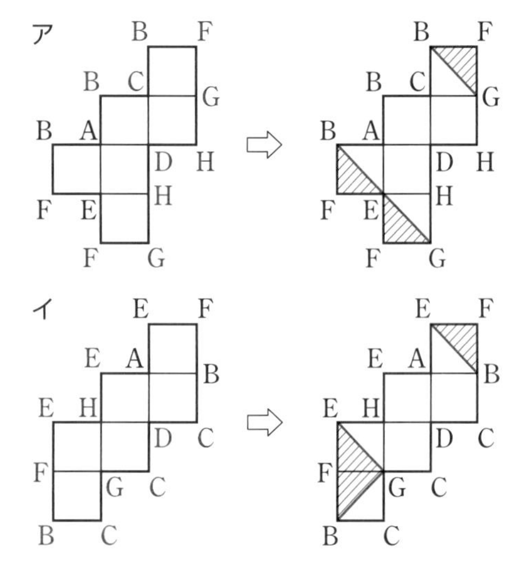

⑤ 展開図を組み立てると，右の図のような角柱になりますから，体積は

$(6\times6-3\times3\div2)\times6$

$=$ **189 (cm³)**

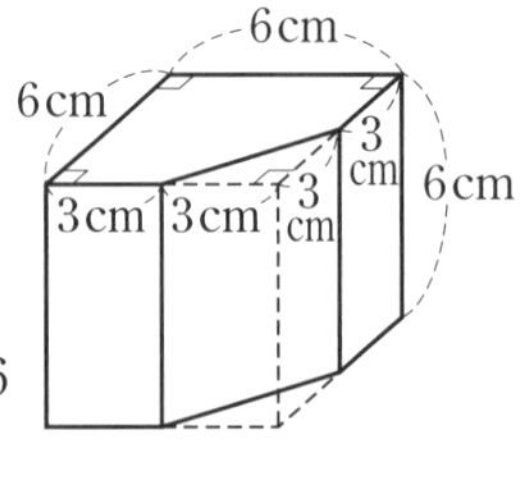

⑥ 下の図のように，上から段ごとに分けて調べます。

1段目

5

2段目

3	2
3	3

3段目

3	1	2
2	0	1
3	2	3

4段目

2	1	2
1	0	1
2	1	2

(1) 上の図より，3つの面が緑色でぬられている立方体は

$0+3+3+0=$ **6**(個)

(2) 上の図より，2つの面が緑色でぬられている立方体は

$0+1+3+4=$ **8**(個)

(3) 上の図より，1つの面が緑色でぬられている立方体は

$0+0+2+4=$ **6**(個)

(4) どの面も緑色でぬられていない立方体は

$0+0+1+1=$ **2**(個)

⑦ (1) 容器に入っている水の体積は

$8\times10\times6=480$ (cm³)

面 BCGF の面積は

$10\times20=200$ (cm²)

よって，求める水の高さは

$480\div200=$ **2.4 (cm)**

(2) 問題の図1 において，水は高さ 6cm まで入っていますから，右の図で

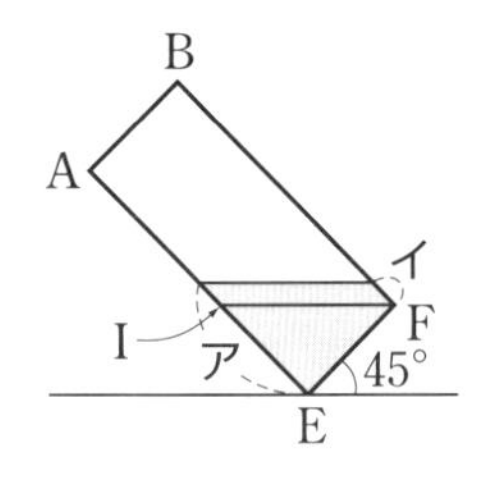

ア＋イ$=6\times2$

$=12$ (cm)

になることがわかります。

また，右の図の容器は 45° かたむけているので，三角形 IEF は直角二等辺三角形になり，IE＝EF＝8cm となることから

ア－イ$=8$ (cm)

よって，和差算により，アの長さは

$(12+8)\div2=10$ (cm)

したがって，面 AEHD が水にふれている部分の面積は　$10\times10=$ **100 (cm²)**

⑧ (1) 見かけ上増える分の水の体積は

$20\times12\times(35-5-21)=2160$ (cm³)

立方体のおもり 1 個の体積は

$2\times2\times2=8$ (cm³)

求める立方体のおもりの個数は

$2160\div8=$ **270 (個目)**

(2) 見かけ上増える分の水の体積は，(1)より，2160cm³ ですから，水につかっている部分のおもりの体積も 2160cm³ です。おもり 1 個の水につかっている部分の体積は

$1\times3\times(35-5)=90$ (cm³)

ですから，おもりの個数は

$2160\div90=$ **24 (個目)**

⑨ (1) $360^\circ \times \frac{3}{5} = \mathbf{216^\circ}$

(2) 求める表面積は，もとの円すいの表面積の半分に，切り口(右の図の三角形 ABC)の面積を加えたものになります。

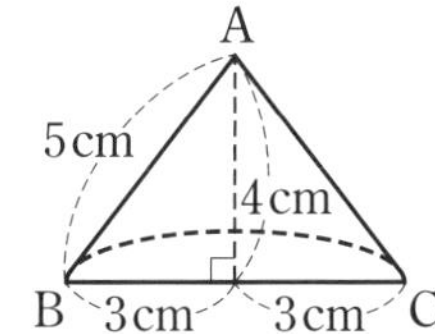

$(3\times3\times3.14+\underline{5\times3\times3.14})\times\frac{1}{2}$

母線×半径×円周率

$+6\times4\div2$

$=12\times3.14+12$

$=\mathbf{49.68(cm^2)}$

⑩ 見取図をかくと，右の図のような円柱から円柱をくりぬいた立体になります。

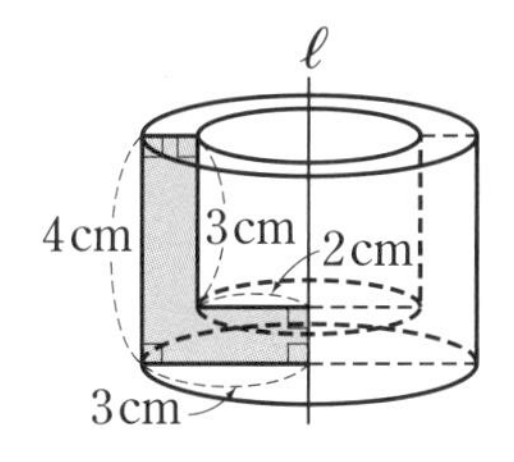

この立体を真上，真下から見ると，どちらも半径3cmの円になります。これに外側の側面積と内側の側面積を加えればよいですから，求める表面積は

$3\times3\times3.14\times2+3\times2\times3.14\times4$

$+2\times2\times3.14\times3$

$=54\times3.14$

$=\mathbf{169.56(cm^2)}$

⑪ (1) 三角形 ABC の面積から，三角形 ADE の面積をひいて求めます。

$9\times12\div2-6\times8\div2=\mathbf{30(cm^2)}$

(2) この立体は，右の図のように円すいから円すいをくりぬいた立体になります。

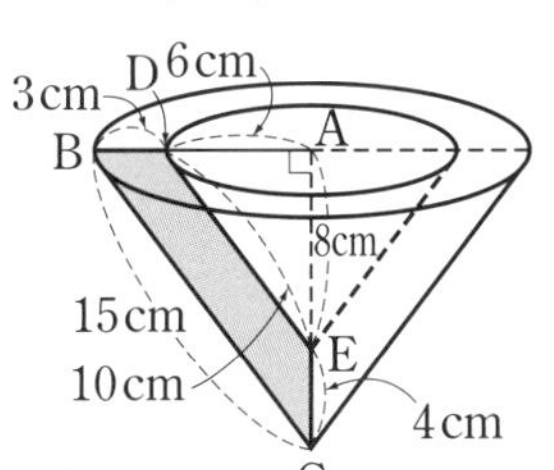

① $9\times9\times3.14\times12\div3$

$-6\times6\times3.14\times8\div3$

$=228\times3.14$

$=\mathbf{715.92(cm^3)}$

②底面積は

$9\times9\times3.14-6\times6\times3.14=45\times3.14$

外側の側面積は

$15\times9\times3.14=135\times3.14$

内側の側面積は

$10\times6\times3.14=60\times3.14$

よって，求める表面積は

$\underline{45\times3.14}+\underline{135\times3.14}+\underline{60\times3.14}$

底面積　外側の側面積　内側の側面積

$=240\times3.14$

$=\mathbf{753.6(cm^2)}$

⑫ 真上から見た図に，積み重ねた立方体の積み木の個数を書きこんで数えます。

積み木の個数が最も少ない場合は，下の図1のようになり，積み木の個数が最も多い場合は，図2のようになります。

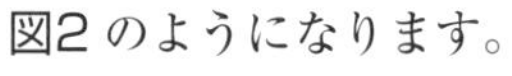

図1

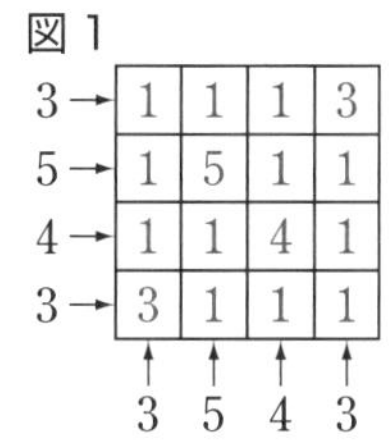

3→	1	1	1	3
5→	1	5	1	1
4→	1	1	4	1
3→	3	1	1	1
	↑3	↑5	↑4	↑3

図2

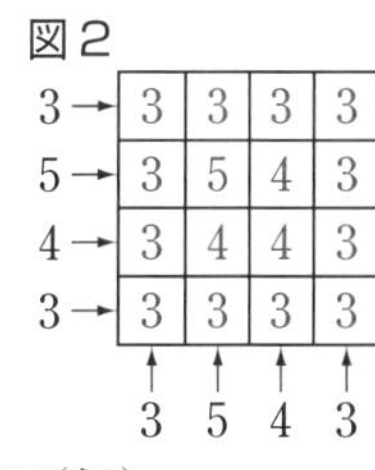

3→	3	3	3	3
5→	3	5	4	3
4→	3	4	4	3
3→	3	3	3	3
	↑3	↑5	↑4	↑3

① $1\times12+3\times2+4+5=\mathbf{27}$(個)

② $3\times12+4\times3+5=\mathbf{53}$(個)

(MEMO)

(MEMO)

(MEMO)